计算机基础与实训教材系列

After Effects 2024
影视特效实例教程
（微课版）

石育澄　李萌　主编

清华大学出版社
北　京

内 容 简 介

本书由浅入深、循序渐进地介绍 Adobe 公司最新推出的影视后期制作软件——中文版 After Effects 2024 的操作方法和使用技巧。全书共分 15 章，分别介绍影视后期合成的基础知识，以及 After Effects 的详细功能与案例应用，包括影视制作基础入门、After Effects 的基本操作、项目与合成、图层应用、关键帧动画、文本动画、形状蒙版与表达式、三维空间动画、特效的应用、视频过渡、光影与粒子特效、抠像与运动跟踪、视频调色、添加与编辑音频、渲染与输出等内容。每一章都安排了习题和相关案例，用于提高读者对 After Effects 操作的掌握程度与应用能力。

本书内容丰富、结构清晰、语言简练、图文并茂，具有很强的实用性和可操作性，是一本适合高等院校的优秀教材，也是广大初、中级计算机用户的优秀自学参考书。

本书配套的电子课件、实例源文件和习题答案可以到 http://www.tupwk.com.cn/downpage 网站下载，也可以扫描前言中的二维码获取。扫描前言中的视频二维码可以直接观看教学视频。

图书在版编目 (CIP) 数据

After Effects 2024 影视特效实例教程：微课版 /

石育澄，李萌主编 . -- 北京：清华大学出版社，2025.4.

(计算机基础与实训教材系列). -- ISBN 978-7-302-68220-2

Ⅰ . TP391.413

中国国家版本馆 CIP 数据核字第 20259X3H84 号

责任编辑：胡辰浩
封面设计：高娟妮
版式设计：恒复文化
责任校对：马遥遥
责任印制：杨　艳

出版发行：清华大学出版社

网　　　址：https://www.tup.com.cn，https://www.wqxuetang.com
地　　　址：北京清华大学学研大厦 A 座　　　邮　　编：100084
社 总 机：010-83470000　　　邮　　购：010-62786544
投稿与读者服务：010-62776969，c-service@tup.tsinghua.edu.cn
质 量 反 馈：010-62772015，zhiliang@tup.tsinghua.edu.cn

印 装 者：三河市铭诚印务有限公司
经　　销：全国新华书店
开　　本：190mm×260mm　　印　　张：20.5　　插　　页：2　　字　　数：499 千字
版　　次：2025 年 4 月第 1 版　　印　　次：2025 年 4 月第 1 次印刷
定　　价：79.80 元

产品编号：097109-01

前　言

中文版After Effects 2024是Adobe公司最新推出的专业性影视特效制作软件，目前正广泛应用于动画设计、特效制作、视频编辑及视频制作等诸多领域。随着数字媒体的日益盛行，视频类的作品被应用于各个领域，方便地制作、处理动画和视频特效成为人们的广泛需求。为了适应数字化时代人们对视频特效处理软件的要求，After Effects 2024引入了多项新功能，如多种颜色空间支持、文本脚本支持、Roto笔刷的改进等，旨在提升用户的工作效率和创意可能性。

本书从教学实际需求出发，合理安排知识结构，从零开始、由浅入深、循序渐进地讲解After Effects的基本知识和使用方法，本书共分为15章，主要内容如下：

第1章介绍影视后期合成的概念，以及After Effects的应用领域和相关概念。

第2章介绍After Effects的基本操作。

第3章介绍After Effects项目与合成的建立。

第4章介绍图层的相关概念和操作方法。

第5章介绍关键帧动画。

第6章介绍文本与文本动画。

第7章介绍形状蒙版与表达式。

第8章介绍三维空间动画。

第9章介绍特效的基本应用与操作方法。

第10章介绍视频过渡特效。

第11章介绍粒子与光影特效。

第12章介绍视频抠像与运动跟踪。

第13章介绍视频调色。

第14章介绍音频的添加与编辑。

第15章介绍影片的渲染与输出。

本书图文并茂、条理清晰、通俗易懂、内容丰富，在讲解每个知识点时都配有相应的练习操作，方便读者上机实践；同时在难于理解和掌握的部分内容上给出相关提示，让读者能够快速地提高操作技能。此外，本书配有大量的典型案例，让读者在不断的实际操作中更加牢固地掌握书中讲解的内容。

由于作者水平有限，书中难免有不足之处，恳请专家和广大读者批评指正。我们在编写本书的过程中参考了相关文献，在此向这些文献的作者深表感谢。我们的电话是010-62796045，邮箱是992116@qq.com。

本书配套的电子课件、实例源文件、习题答案可以到http://www.tupwk.com.cn/downpage网站下载，也可以扫描下方左侧的二维码获取。扫描下方右侧的视频二维码可以直接观看教学视频。

扫描下载

扫一扫

配套资源

看视频

作　者

2024年10月

目　　录

第1章

影视制作基础入门

随着影视业市场的发展，数字影视媒体已经成为当前最为大众化、最具影响力的媒体形式。从好莱坞电影所创造的幻想世界，到人们所关注的时事新闻，再到铺天盖地的影视广告，无不深刻地影响着我们的生活。因此，数字影视制作人才和新媒体人才在行业内越来越受到重视，影视后期制作这一专业和职业，也慢慢走进了大众的舞台，同时社会需要大量的数字影视制作人员。

本章重点

- ○ 影视制作基本知识
- ○ After Effects在影视制作中的应用
- ○ 视频和音频的常见格式
- ○ After Effects影视制作基本流程

1.1 影视制作基本知识

在学习影视制作之前，首先需要了解一下影视制作的基本知识。

1.1.1 影视制作概述

影视制作就是对拍摄完的影片或者软件制作的动画，进行后期的处理，使其形成完整的影片，包括加特效，加文字，并且为影片制作声音等。影视后期制作根据脚本需要，将现实中无法拍摄的景象通过影视后期合成软件将虚拟的效果与拍摄的现实的场景结合起来，来实现特殊的效果。简单来说，即对拍摄之后的影片或软件所做的动画，进行后期的效果处理，比如影片的剪辑、动画特效、文字包装等。

影视合成制作的快速发展给人们带来了一场视听盛宴，它用一种从未使用过的表现方式，来更好地给观众带来视觉上的冲击和思维上的感观，从而直击观众的内心。在影视后期制作技术的促成下，将非现实的未来场景和事物尽情地展现出来，带给观众视觉的享受。

影视后期制作给想要呈现出奇幻的影视作品的人们提供了有力的技术支持，如今的好莱坞影片中就大量地运用了这一后期制作合成技术，其最重要的是数字特效。正是因为现在有了这种后期技术与艺术感观的相互结合，使得一部又一部精彩的影片深入人心。因此，影视后期合成制作正在逐渐地影响我们的生活。

随着个人计算机性能的显著提升以及价格上的不断降低，影视制作从以前专业等级的设备逐渐向个人计算机平台上转移，将原先身价极高的专业软件逐步移植到个人计算机平台上，同时影视制作的应用也从专业的电影电视领域扩大到计算机游戏、多媒体、网络、家庭娱乐等更为广阔的领域。

1.1.2 影视制作常用软件

进行影视制作的软件有很多，如After Effects、Premiere、Photoshop和会声会影等。不同的软件，侧重的功能也有所不同，After Effects则是影视制作合成软件中的佼佼者。

1. After Effects

After Effects是一款非线性视频特效制作软件，主要用于影视特效、栏目包装、动态图形设计等方面。 After Effects 可以帮助用户创建动态图形和精彩的视觉效果，和三维软件结合使用，可以使作品效果更酷更炫。

After Effects 保留着Adobe软件优秀的兼容性。After Effects可以非常方便地调用Photoshop 和 Illustrator 的层文件；Premiere的项目文件几乎也可以完美地再现于After Effects中；After Effects 还可以调用 Premiere的EDL文件。

2. Premiere

Premiere是一款非线性音视频编辑软件，主要用于剪辑视频，同时包括调色、字幕、简单特效制作、简单的音频处理等常用功能。它与Adobe公司的其他软件兼容性较好，通常与After Effects 配合使用。

3. Photoshop

Photoshop 软件是一款专业的图像处理软件。该软件主要处理由像素构成的数字图像，在影视后期制作中，可以与 After Effects、Premiere 软件协同工作，满足日益复杂的视频制作需求。

4. 会声会影

会声会影是一款功能强大的视频编辑软件，具有图像抓取和编修功能，可以抓取和转换 MV、DV、V8、TV，以及实时记录抓取画面文件。该软件操作简单，适合家庭日常使用，相对于 Premiere、After Effects 等视频处理软件，在专业性上略显不足。

1.1.3　影视制作中的专业术语

在影视制作的工作中，经常会遇到合成图像、帧、帧速率、场、像素等术语。下面就来学习一下影视制作的专业术语。

1. 合成图像

合成图像是 After Effects 中一个相对重要的概念和专业术语。要想在新项目中进行编辑和视频特效制作，需要新建一幅图像，在图像窗口中，可对素材做任何特效编辑处理。而合成图像要与时间轴对应在一起，以图层为操作基础，可以包含多个任意图层。After Effects 可以同时运行多个合成图像，但每个合成图像又是一个个体，也可作嵌套使用。

2. 帧

帧是传统影视动画中最小的信息单元，即影像画面。它相当于一格镜头，一帧就是一幅画面，而我们在影视动画中看到的连续的动态画面，就是由一张张图片组成的，而这一张张图片就是帧。

3. 帧速率

帧速率是当播放视频时每秒钟所渲染的帧数。对影视作品而言，帧速率是 24 帧/秒，帧速率是指每一秒所显示的静止帧的格数。当捕捉动态的视频内容时，帧速率数值越高越好。

4. 关键帧

关键帧是动画编辑和特效制作的核心技术。关键帧相当于二维动画中的原画，指物体之间运动变化的动作所处的一帧。关键帧与关键帧之间的动画可以靠软件来实现，它主要记录动画或特效的参数特征。

5. 场

场是影视系统中的另一个概念，是通过以隔行扫描的方式来完成保存帧的内容和显示图像的，它按照水平的方向分成多行，两次扫描交替地显示奇偶行。也就是说，每扫描一次就会成为一场，两场扫描得到的就是一帧画面。

6. 像素

像素是图像编辑中的基本单位。像素是一个个有色方块，图像由许多像素以行和列的方式排列而成。文件包含的像素越多，其所含的信息也越多，所以文件越大，图像品质也就越好。

7. 分辨率

分辨率是指单位面积内图像所包含像素的数目，通常用像素/英寸和像素/厘米表示。分辨率的高低直接影响图像的效果，使用太低的分辨率会导致图像粗糙，视频效果会变得非常模糊，而使用较高的分辨率则会增加文件的大小。图1-1和图1-2所示是在不同分辨率下显示的图像效果。

图1-1　分辨率为300像素/英寸的图像效果　　　图1-2　分辨率为25像素/英寸的图像效果

8. 像素纵横比

在DV出现之前，多数台式计算机视频系统中使用的标准画幅大小是640像素×480像素。计算机图像是由正方形像素组成的，因此640像素×480像素和320像素×240像素(用于多媒体)的画幅大小非常符合电视的纵横比(宽度比高度)，即4∶3(每4个正方形横向像素，对应有3个正方形纵向像素)。

但是，在使用720像素×480像素的DV画幅大小进行工作时，图像不是很清晰。这是由于：如果创建的是720像素×480像素的画幅大小，那么纵横比就是3∶2，而不是4∶3的电视标准。因此需要使用矩形像素(高宽比更小的非正方形像素)将720像素×480像素压缩为4∶3的纵横比。

9. 时间码

在视频编辑中，通常用时间码来识别和记录视频数据流中的每一帧，从一段视频的起始帧到终止帧，其间的每一帧都有一个唯一的时间码地址。根据动画和电视工程师协会(Society of Motion Picture and Television Engineers，SMPTE)使用的时间码标准，其格式是：小时:分钟:秒:帧。一段长度为00:02:31:15的视频片段的播放时间为2分钟31秒15帧，如果以30帧/秒的速率播放，则播放时间为2分钟31.5秒。

1.2　After Effects在影视制作中的应用

After Effects是专业的非线性特效合成软件，是Adobe公司开发的一个视频剪辑及设计软件，属于层类型(即通过各层进行编辑)后期软件，是动态影像设计不可或缺的辅助工具，是视频后期合成处理的专业非线性编辑软件。

1.2.1　After Effects的特点

After Effects软件作为一种专业的视频非线性编辑及后期合成软件，在视频后期制作中发挥着巨大的作用，不仅包括图像的特殊处理与合成，还包括素材的编辑，更能够使剪辑师使用精确、快速的方式制作出具有视觉创新效果的运动图像及特效，并将其运用到电影、视频当中。

After Effects尤其在特效制作方面更为突出。与Premiere不同，After Effects是视频合成软件，而不是视频剪辑软件，因而不适合长时间的影片制作，而是对影片制作特技效果，需要处理的部分通常只是影片中的一个小片段，如10秒、5秒，甚至更短。

After Effects软件可以帮助用户高效且精确地创建无数种引人注目的动态图形和震撼人心的视觉效果。利用与其他Adobe软件无与伦比的紧密集成和高度灵活的2D和3D合成，以及丰富多彩的视觉效果，为电影、视频、DVD和Macromedia Flash作品增添令人耳目一新的效果。After Effects在影像合成、动画、视觉效果、非线性编辑、设计动画样稿、多媒体和网页动画方面都有其发挥余地。After Effects软件与主流3D软件也可良好结合，如Softimage|XSI、Maya、Cinema 4D、3ds Max等。

1.2.2　After Effects的主要功能

After Effects作为一款优秀的影视后期合成制作软件，主要包括如下功能。

(1) 创建新图层。操作新图层，利用层之间的相互关联来获得动画。

(2) 创建关键帧动画。对已有层的各项属性进行设置，如大小、位置、中心点等。

(3) 创建3D空间。由于After Effects拥有自建3D空间的功能，因此After Effects可以在一定程度上创建3D视觉效果。

(4) After Effects提供了多种特效，并可以自主调整效果，让影视制作人员可以打造出各种震撼人心的视觉效果。

1.2.3　After Effects的应用领域

After Effects软件集合了众多非线性编辑软件的功能，能达到用户想要的视觉效果，其应用领域广泛，主要包括以下几个方面。

1. 影视动画

影视动画涉及影视特效、后期合成制作、特效动画等方面。随着影视领域的延展和后期制作软件的增多，数字化影像技术改变了传统影视制作的单一性，弥补了传统拍摄中视觉上的不足。

影视后期特效在影视动画领域中运用得相对比较普遍。目前一些二维或三维的动画制作都需要加进去一些影视后期特效，它们的加入可以对动画场景的渲染与环境气氛起作用，从而增强影视动画的视觉表现力和提高整个影视动画的品质。影视动画例图如图1-3所示。

图1-3　影视动画例图

2. 电影特效

随着科学技术的进步，特效在目前的电影制作中应用越来越广泛，从开始，其中的特效思想就已经有所体现，电影特效从根本上改变了传统的制作方式。在编写剧本时，整个框架就已经让编剧打破了传统的思维模式，改变了局限的概念，实现时空般的转变，充分发挥其想象力，创造自己的特效剧本。

在现代化的今天，特效的广泛使用让越来越多高效创作的影视作品出现。前期拍摄，除了现实的场景，还有很多分镜头，如蓝幕的摄影环境、模型搭建、多样的灯光表现等。为了满足后期制作的要求，在蓝幕的环境下，无场景、无实物的表演也是在考验演员，这种环境下，靠的是演员的想象力与表现力，要把表演的动作、展现的情绪与要合成的场景画面结合起来，然后加上后期所需素材或特效。这种高效创作的电影特效方法替代了传统的电影制作手法。随着影视后期软件的增多，人们对影视后期制作的了解更深刻。电影特效例图如图1-4所示。

图1-4　电影特效例图

3. 企业宣传片

随着数字化时代的来临，一些企业也慢慢适应这个科技化的社会，随着电子产品与网络的普及，让越来越多的人享受在家就能了解一切事物的便利。企业宣传从最初的用文字和发放宣传页的方式转变为现在数字化的、通俗易懂的宣传片，这一改变给人带来了视觉冲击。现在，各个企业都在制作属于自己特色的宣传片，力求把企业自身的文化特点都概括到宣传片里面。如今的企业宣传片的形式多种多样，不仅有故事性的叙述方法，还有富有想象力的创意表现等。在制作企业宣传片时，影视后期的作用使宣传片的创新形式与特效表现给人眼前一亮的感觉，还会让观者有深刻的印象。企业宣传片例图如图1-5所示。

图1-5　企业宣传片例图

4. 电视包装

电视包装，简单来说就像其他产品的包装一样，目的是让观看者在视觉上深刻认识和了解我们的电视产品。确切来说，电视包装就是一个地区电视品牌的形象标识设计和策划，其中包括品牌的建设、营销策划与视觉上的形象设计等方面，从一个小的电视栏目的品牌到一个大的地区电视的频道品牌，甚至电视所属传媒公司的整体的品牌形象，都是需要用电视包装来解决的。

电视包装目前是各个电视节目公司和一些广告公司最常用的一种概念。事实上，包装就像借来的词一样，传统的包装方式是对产品包装，而现在运用到电视上，那是因为产品包装和电视包装有相同之处。其意义在于把电视频道的整体品牌形象用一种外在的包装形式体现电视频道的规范性。

电视包装是自身的发展需要，是每个栏目、电视频道更规范、更成熟、更稳定的标志。现如今，由于观众有主动的栏目选择权，也会盲目地不知如何选择，从而有了各个电视栏目竞争的激烈，在这种紧张的状态下，电视包装的作用是众所周知的，如同重要产品的包装与广告的普及推广都是商家们为了盈利所采取的策略。电视包装例图如图1-6所示。

图1-6　电视包装例图

1.3　视频和音频的常见格式

在学习影视制作编辑前，读者还需要了解数字视频与音频技术的一些基本知识。下面将介绍常见的视频格式和音频格式。

1.3.1　常见的视频格式

目前对视频压缩编码的方法有很多，应用的视频格式也就有很多种，其中最有代表性的就是MPEG数字视频格式和AVI数字视频格式。下面就介绍一下几种常用的视频存储格式。

1. AVI(Audio/Video Interleave)格式

这是一种专门为微软的Windows环境设计的数字视频文件格式，这种视频格式的好处是兼容性好、调用方便、图像质量好，缺点是占用的空间大。

2. MPEG(Motion Picture Experts Group)格式

该格式包括MPEG-1、MPEG-2、MPEG-4。MPEG-1被广泛应用于VCD的制作和网络上一些供下载的视频片段，使用MPEG-1的压缩算法可以把一部120分钟长的视频文件的电影压缩到1.2GB左右。MPEG-2则应用在DVD的制作方面，在一些HDTV(高清晰电视广播)和一些高要求视频的编辑和处理上也有一定的应用空间；于MPEG-1的压缩算法，MPEG-2可以制作出在画质等方面性能远远超过MPEG-1的视频文件，但是容量也不小，为4～8GB。MPEG-4是一种新的压缩算法，可以将用MPEG-1压缩成1.2GB的文件压缩到300MB左右，供网络播放。

3. ASF(Advanced Streaming Format)格式

这是微软为了和Real Player竞争而创建的一种可以直接在网上观看视频节目的流媒体文件压缩格式，即一边下载一边播放，不用存储到本地硬盘上。

4. nAVI(newAVI)格式

这是一种新的视频格式，由ASF的压缩算法修改而来，它拥有比ASF更高的帧速率，但是以牺牲ASF的视频流特性作为代价。也就是说，它是非网络版本的ASF。

5. DIVX格式

该格式的视频编码技术可以说是一种对DVD造成威胁的新生视频压缩格式。由于它使用的是MPEG-4压缩算法，因此可以在对文件尺寸进行高度压缩的同时，保留非常清晰的图像质量。

6. QuickTime格式

QuickTime(MOV)格式是苹果公司创建的一种视频格式，在图像质量和文件尺寸的处理上具有很好的平衡性。

7. Real Video(RA、RAM)格式

该格式主要定位于视频流应用方面，是视频流技术的创始者。它可以在网速较差的条件下实现不间断的视频播放，因此同时也必须通过损耗图像质量的方式来控制文件的大小，图像质量通常较差。

1.3.2 常见的音频格式

音频是指一个用来表示声音强弱的数据序列，由模拟声音经采样、量化和编码后得到。不同的数字音频设备一般对应不同的音频格式文件。音频的常见格式有WAV、MIDI、MP3、WMA、MP4、VQF、Real Audio等。下面将介绍几种常见的音频格式。

1. WAV格式

WAV格式是微软公司开发的一种声音文件格式，也称为波形声音文件，是最早的数字音频格式，Windows平台及其应用程序都支持这种格式。这种格式支持MSADPCM、CCITT A-Law等多种压缩算法，并支持多种音频位数、采样频率和声道。标准的WAV文件和CD格式一样，也是44 100Hz的采样频率，速率为88kb/s，16位量化位数，因此WAV的音质和CD差不多，也是目前广为流行的声音文件格式。

2. MP3格式

MP3的全称为MPEG Audio Layer-3。Layer-3是Layer-1、Layer-2的升级版产品。与其前身相比，Layer-3具有最好的压缩率，并被命名为MP3，其应用最为广泛。

3. Real Audio格式

Real Audio是由Real Networks公司推出的一种文件格式，其最大的特点就是可以实时传输音频信息，现在主要用于网上在线音乐欣赏。

4. MP3 Pro格式

MP3 Pro格式由瑞典的Coding科技公司开发，其中包含两大技术：一是来自Coding科技公司所特有的解码技术；二是由MP3的专利持有者——法国汤姆森多媒体公司和德国Fraunhofer集成电路协会共同研发的一项译码技术。

5. MP4格式

MP4是采用美国电话电报公司(AT&T)所开发的以感知编码为关键技术的音乐压缩技术，由美国网络技术公司(GMO)及RIAA联合发布的一种新的音乐格式。MP4在文件中采用了保护版权的编码技术，只有特定用户才可以播放，这有效地保护了音乐版权。另外，MP4的压缩比达到1：15，体积比MP3更小，音质却没有下降。

6. MIDI格式

MIDI(Musical Instrument Digital Interface)又称乐器数字接口，是数字音乐电子合成器的国际统一标准。它定义了计算机音乐程序、数字合成器及其他电子设备之间交换音乐信号的方式，规定了不同厂家的电子乐器与计算机连接的电缆、硬件及设备的数据传输协议，可以模拟多种乐器的声音。

7. WMA格式

WMA(Windows Media Audio)是微软公司开发的用于Internet音频领域的一种音频格式。WMA格式的音质要强于MP3格式，更远胜于RA格式。WMA的压缩比一般可以达到1：18，WMA还支持音频流技术，适合网上在线播放。

8. VQF格式

VQF格式是由YAMAHA和NTT共同开发的一种音频压缩技术，它的核心是通过减少数据流量但保持音质的方法来达到更高的压缩比，压缩比可达到1：18，因此相同情况下压缩后的VQF文件的体积比MP3的要小30%~50%，更利于网上传播，同时音质极佳，接近CD音质(16位44.1kHz立体声)。

1.4 常用的编码解码器

在生成预演文件及最终节目影片时，需要选择一种合适的针对视频和音频的编码解码器程序。当在计算机显示器上预演或播放时，一般都使用软件压缩方式；而当在电视机上预演或播放时，则需要使用硬件压缩方式。

在正确安装各种常用的音视频解码器后，在After Effects中才能导入相应的素材文件，以及将项目文件输出为相应的影片格式。

1.4.1 常用的视频编码解码器

在影片制作中，常用的视频编码解码器包括如下几种。

1. Indeo Video 5.10

这是一种常用于在Internet上发布视频文件的压缩方式。这种编码解码器具有如下优点：能够快速压缩所指定的视频，而且该编码解码器还采用了逐步下载方式，以适应不同的网络速度。

2. Microsoft RLE

这种压缩方式用于压缩包含大量平缓变化颜色区域的帧。它使用全长编码(RLE)压缩器，在质量参数被设置为100%时，几乎没有质量损失。

3. Microsoft Video1

这是一种有损的空间压缩的编码解码器，支持深度为8位或16位的图像，主要用于压缩模拟视频。

4. Intel Indeo(R) Video R3.2

这种压缩方式用于压缩从CD-ROM导入的24位视频文件。同Microsoft Video1编码解码器相比，其优点在于包含较高的压缩比、较好的图像质量以及较快的播入速度。对于未使用有损压缩的源数据，应用Indeo Video编码解码器可获得最佳的效果。

5. Cinepak Codec by Radius

这种压缩方式用于压缩从CD-ROM导入或从网络下载的24位视频文件。同Video编码解码器相比，它具有较高的压缩比和较快的播入速度，并可设置播入数据率，但当数据率低于30kb/s时，图像质量明显下降。它是一种高度不对称的编码解码器，即解压缩要比压缩快得多。最好在输出最终版本的节目文件时使用这种编码解码器。

6. DiveX:MPEG-4Fast-Motion和DiveX:MPEG-4Low-Motion

当系统安装MPEG-4的视频插件后，就会出现这两种视频编码解码器，用来输出MPEG-4格式的视频文件。MPEG-4格式的图像质量接近于DVD，声音质量接近于CD，而且具有相当高的压缩比，因此该解码器是一种非常出色的视频编码解码器，从而能够在多媒体领域迅速壮大起来。MPEG-4主要应用于视频电话(Video Phone)、视频电子邮件(Video E-mail)和电子新闻(Electronic News)等，其传输速率要求在4800~6400b/s。MPEG-4利用窄的带宽，通过帧重建技术压缩和传输数据，以最小的数据获取最佳的图像质量。

7. Intel Indeo(TM) Video Raw

使用该视频编码解码器能捕获图像质量极高的视频，其缺点是要占用大量的磁盘空间。

1.4.2 常用的音频编码解码器

在影片制作中，常用的音频编码解码器包括如下几种。

1. DSP Group True Speech (TM)

该音频编码解码器适用于压缩以低数据率在Internet上传播的语音。

2. GSM 6.10

该音频编码解码器适用于压缩语音，在欧洲用于电话通信。

3. Microsoft ADPCM

ADPCM是数字CD的格式，是一种用于将声音和模拟信号转换为二进制信息的技术，它通过一定的时间采样来取得相应的二进制数，是能存储CD质量音频的常用数字化音频格式。

4. IMA

该音频编码解码器是由Interactive Multimedia Association(IMA)开发的、关于ADPCM的一种实现方案，适用于压缩交叉平台上使用的多媒体声音。

5. CCITTU和CCITT

该音频编码解码器适用于语音压缩，用于国际电话与电报通信。

1.4.3 QuickTime视频编码解码器

如果用户安装了QuickTime视频编码解码器，则可以在After Effects中使用相应的视频格式，QuickTime的视频编码解码器包括以下内容。

1. Component Video

该视频编码解码器适用于采集、存档或临时保存视频。它采用相对较低的压缩比，要求的磁盘空间较大。

2. Graphics

该视频编码解码器主要用于8位静止图像。这种编码解码器没有高压缩比，适合从硬盘播放，而不适合从CD-ROM播放。

3. Video

该视频编码解码器适用于采集和压缩模拟视频。使用这种编码解码器从硬盘播放时，可获得高质量的播放效果；从CD-ROM播放时，也可获得中等质量的播放效果。它支持空间压缩和时间压缩、重新压缩或生成，可获得较高的压缩比，而不会有质量损失。

4. Animation

该视频编码解码器适用于有大面积单色的诸如卡通动画之类的片段，可以根据实际需求设置不同的压缩质量。它使用苹果公司基于运动长度编码的压缩算法，同时支持空间压缩和时间压缩。当设置为无损压缩时，可用于存储字幕序列和其他运动的图像。

5. Motion JPEG A和Motion JPEG B

该视频编码解码器适用于将视频采集文件传送给配置有视频采集卡的计算机。此编码解码器是JPEG的一个版本。一些视频采集卡包含加速芯片，能加快编辑操作的速度。

6. Photo-JPEG

该视频编码解码器适用于包含渐变色彩变化的静止图像或者不包含高比例边缘或细节变化剧烈的静止图像。虽然它是一种有损压缩，但在高质量设置下，几乎是没有什么影响的。另外，它是一种对称压缩，其压缩与解压缩的时间几乎相同。

7. H.263和H.261

该视频编码解码器适用于较低数据率下的视频会议，一般不用于通常的视频。

8. DV-PAL和DV-NTSC

它们是PAL和NTSC数字视频设备采用的数字视频格式。这类视频编码解码器允许从连接的DV格式的摄录像机直接将数字片段输入After Effects中。它们还适合作为译码器，在交叉平台和配置有数字视频采集卡的计算机间传送数字视频。

9. Cinepak

该编码解码器适用于压缩从CD-ROM光盘导入或从Web上下载的视频文件。同Video编码解码器相比，它具有较高的压缩比和较快的播放速度；并且可以设置播放数据率，但当数据率低于30kb/s时，图像质量将明显下降。这是一种高度不对称的编码解码器，其解压缩比压缩快得多。要获得最佳结果，应该在输出最终版本的影片文件时使用这种编码解码器。

10. Sorenson Video和Sorenson Video 3

该视频编码解码器在数据率低于200kb/s时可以获得高质量图像，而且压缩后的文件较小，其不足之处就是压缩的时间较长。它适合于最终输出而非编辑的状态，还支持在速度较慢的计算机上输出可在速度较快的计算机上平滑播放的影片。

11. Planar RGB

这是一种有损视频编码解码器，对于压缩诸如动画之类包含大面积纯色的图像有效。

12. Intel Indeo 4.4

该视频编码解码器适用于在Internet上发布的视频文件。它包含较高的压缩比、较好的图像质量和较快的播放速度。

1.4.4　QuickTime音频编码解码器

如果用户安装了QuickTime音频编码解码器，则可以在After Effects中使用相应的音频格式，QuickTime的音频编码解码器包括以下内容。

1. MLsw 2:1

这种音频编码解码器适用于交换的音频，如许多UNIX工作站上使用的音频。

2. 16-bit Big Endian和16-bit Little Endian

这种音频编码解码器适用于使用Big Endian(字节顺序)或Little Endian编码存储的情形。这些编码解码器对于软硬件工程师而言是十分有用的，但通常不能用于视频编辑。

3. 24-bit Integer和32-bit Integer

这种音频编码解码器适用于声音数据必须使用24位或32位整数编码存储的情形。

4. 32-bit Floating Point和64-bit Floating Point

这种音频编码解码器适用于必须使用32位或64位浮点数据编码存储的情形。

5. Alaw 2:1

这种音频编码解码器主要用于欧洲数字电话技术。

6. IMA 4:1

这种音频编码解码器适用于交叉平台的多媒体声音，它是由IMA利用ADPCM技术开发出来的。

7. Qualcomm Pure Voice 2

这种音频编码解码器在音频采样速率为8kHz时工作得最好，它是基于蜂窝电话的CDMA技术标准。

8. MACE 3:1和MACE 6:1

这是一种适用于普通用途的音频编码解码器，内置于macOS Sound Manager中。

❖ 注意：

> 如果在影片制作过程中缺少某种解码器，则不能使用该类型的素材。用户可以从相应的网站下载并安装这些解码器。

1.5　视频压缩方式

模拟视频被数字化后，具有相当大的数据量，为了节省空间和方便管理，需要使用特定的方法对其进行压缩。根据视频压缩方式的不同，主要可以将其分为如下3种类型。

1.5.1　有损和无损压缩

在视频压缩中，有损(loss)和无损(lossless)的概念与对静态图像的压缩处理基本类似。无损压缩即压缩前和解压缩后的数据完全一致。多数的无损压缩都采用RLE行程编码算法。有损压缩意味着解压缩后的数据与压缩前的数据不一致；要得到体积更小的文件，就必须通过对其进行有损压缩来得到。

在压缩的过程中要丢失一些人眼和人耳所不敏感的图像或音频信息，而且丢失的信息不可恢复。几乎所有高压缩的算法都采用有损压缩，这样才能达到低数据量的目标。丢失的数据量与压缩比有关，压缩比越小，丢失的数据越多，解压缩后的效果一般也越差。此外，某些有损压缩算法采用的是多次重复压缩的方式，这样还会引起额外的数据丢失。

1.5.2 帧内和帧间压缩

帧内(intra-frame)压缩也称为空间压缩(spatial compression)。当压缩一帧图像时，仅考虑本帧的数据而不考虑相邻帧之间的冗余信息，这实际上与静态图像压缩类似。

帧内一般采用有损压缩算法，由于帧内压缩时各个帧之间没有相互关系，因此压缩后的视频数据仍可以帧为单位进行编辑。帧内压缩一般达不到很高的压缩比。帧内压缩基于许多视频或动画的连续前后两帧具有很大的相关性，或者说前后两帧信息变化很小的特点。也即连续的视频其相邻帧之间具有冗余信息，根据这一特性，压缩相邻帧之间的冗余量就可以进一步提高压缩量，减小压缩比。

帧间压缩也称为时间压缩(temporal compression)，它通过比较时间轴上不同帧之间的数据进行压缩，对帧图像的影响非常小，所以帧间压缩一般是无损的。帧差值(frame differencing)算法是一种典型的时间压缩法，它通过比较本帧与相邻帧之间的差异，仅记录本帧与其相邻帧的差值，这样可以大大减少数据量。

1.5.3 对称和不对称压缩

对称性(symmetric)是压缩编码的一个关键特征。对称意味着压缩和解压缩占用相同的计算处理能力和时间，对称算法适合于实时压缩和传送视频，如视频会议应用采用对称的压缩编码算法就比较合适。

而在电子出版和其他多媒体应用中，都是先把视频内容压缩处理好，然后在需要的时候播放，因此可以采用不对称(asymmetric)编码。不对称或非对称意味着压缩时需要花费大量的处理能力和时间，而解压缩时则能较好地实时回放，也即需要以不同的速度进行压缩和解压缩。一般来说，压缩一段视频的时间比回放(解压缩)该视频的时间要多得多。例如，压缩一段3分钟的视频片段可能需要十多分钟的时间，而该片段实时回放时间只需要3分钟。

1.6　After Effects影视制作基本流程

在创建影视合成前，用户需要了解After Effects影视制作的基本工作流程，主要包括建立项目、导入素材、创建动画效果、渲染输出等。

1. 建立项目

在进行After Effects影视制作前，首先需要建立一个项目，或打开已有的项目进行编辑，在后面的章节中将详细介绍项目的创建与设置等方法。

2. 导入素材

创建一个项目后，在【项目】面板中可以将所需素材导入，在后面的章节中将详细介绍导入不同素材的方法和管理素材的方法。

3. 创建动画效果

用户可以在【时间轴】面板中对素材进行图层的排列与组合，通过对图层属性进行修改(如图层的位置、大小和不透明度等)，或者利用滤镜效果、蒙版混合模式，制作丰富的动画效果。用户可以根据需求在【时间轴】面板中创建一个或多个合成。

4. 渲染输出

影视制作的最后一步就是渲染输出，而渲染方式决定了影片的最终效果。在After Effects中可以将已合成项目输出成音频、视频文件或序列图片等。在渲染时，还可以通过设置渲染工作区参数，只渲染其中某一部分效果。

1.7 习题

1. After Effects在影视领域起到的作用有哪些？

2. 在哪些领域需要用到影视制作合成技术？

3. 视频编辑中的最小单位是什么？

4. 影视图像编辑中的基本单位是什么？

5. After Effects的主要功能是什么？

6. 帧、帧速率和关键帧分别指什么？

7. AVI格式、MPEG格式和QuickTime(MOV)格式分别有什么特点？

8. 影视后期制作基本流程主要包括哪些？

第 2 章

After Effects的基本操作

Adobe After Effects简称AE，是Adobe公司推出的一款视频处理软件，属于【层】类型后期软件，适用于视频特效制作与合成，适合电视台、动画制作公司、个人后期制作工作室以及多媒体工作室等工作人员使用。

本章重点

- ○ 调整工作界面
- ○ 基本工具的应用
- ○ 首选项设置
- ○ 快捷键设置

2.1　初次使用After Effects

After Effects是Adobe公司打造的一款视频合成及特效制作软件。使用After Effects，首先需要安装After Effects应用程序。

2.1.1　安装After Effects

下载好After Effects软件后，便可以开始进行该应用程序的安装操作。在安装该应用程序时，还需要了解After Effects对系统的要求及安装After Effects的方法。

1. After Effects的系统要求

After Effects 2024作为目前最新版的软件，对Windows 系统的配置要求如下。

(1) 处理器：Intel或AMD四核处理器(建议配备8核或以上处理器，以用于多帧渲染)。

(2) 操作系统：Microsoft Windows 10(64位) V20H2 或更高版本。

(3) RAM内存空间：16 GB(建议使用32 GB)。

(4) 硬盘空间：15GB可用硬盘空间(建议64GB 以上可用硬盘空间)；安装过程中需要额外可用空间(无法安装在可移动闪存设备上)。

(5) 显示器分辨率：1920×1080像素或更高的显示器分辨率。

2. After Effects的安装方法

下载After Effects 2024软件后，将其解压，然后双击安装程序 Setup，如图 2-1所示。进入安装界面，进行程序语言、安装位置的设置，如图 2-2所示。然后单击【继续】按钮，进入安装进程界面，等待程序安装结束。

图2-1　双击安装程序

图2-2　安装设置

2.1.2 启动After Effects

安装好After Effects应用程序后，就可以启动该程序进行影视后期制作了。启动After Effects程序有如下两种常用方法。

- 在【开始】菜单中选择After Effects应用程序命令，如图2-3所示。
- 双击桌面上的After Effects应用程序快捷图标，如图2-4所示。

图2-3 选择应用程序命令

图2-4 双击应用程序快捷图标

执行After Effects 2024启动命令，进入After Effects启动画面，如图2-5所示，然后进入After Effects的欢迎界面。在该界面中，可以打开最近编辑的几个影片项目文件，以及执行新建项目和打开项目操作，如图2-6所示。

图2-5 After Effects启动画面

图2-6 After Effects欢迎界面

2.2 调整工作界面

学习使用After Effects进行影视制作前，需要先认识After Effects的工作界面及调整操作。

2.2.1 认识工作界面

After Effects 2024的工作界面主要由标题栏、菜单栏、工具栏、【合成】面板、【时间轴】面板、【项目】面板、功能面板(如【信息】面板、【效果和预设】等面板)组成，如图2-7所示。

图2-7　工作界面

1. 标题栏

标题栏位于整个程序窗口的上方，用于说明当前程序和文件的名称，主要包括程序图标、程序名称及版本号，以及当前的文件名称和窗口控制按钮等。

2. 菜单栏

After Effects的菜单栏是按照程序功能分组排列的命令集合，包括文件、编辑、合成、图层、效果、动画、视图、窗口和帮助9个菜单项。

3. 工具栏

工具栏中包括After Effects常用的工具按钮，如选择工具、手形工具、缩放工具、文字工具、画笔工具等。

4. 项目面板

【项目】面板主要用于素材的管理及存储，如果所需素材多，可以直接通过添加文件夹的方式去管理、分类素材。用户可以在【项目】面板中查看素材的信息，如素材大小、帧速率及持续时间等，还可以对素材进行替换、重命名等基本操作，如图2-8所示。

图2-8　【项目】面板

19

5. 合成面板

【合成】面板主要用于显示各个层的合成效果，用户可以设置画面显示的质量、调整窗口的大小等，如图2-9所示。

6. 时间轴面板

【时间轴】面板主要分为控制面板区域和时间轴区域，在时间轴区域可以按照从上而下的图层排列方式添加素材，并用于添加效果和关键帧等，如图2-10所示。

图2-9　【合成】面板

图2-10　【时间轴】面板

7. 功能面板

功能面板是After Effects中非常重要的一个组成部分，包括【信息】面板、【效果和预设】面板、【音频】面板、【属性】面板等，如图2-11和图2-12所示。例如，【效果和预设】面板为用户提供了丰富的动画预设效果，这些效果包含动态背景、文字动画、图像过渡等，用户可以直接调用这些预设效果。

图2-11　【信息】和【属性】面板

图2-12　【效果和预设】面板

2.2.2　选择工作区

Adobe Effects除了默认的工作区，还可以根据不同需求进行工作区的预设。选择【窗口】|【工作区】菜单命令，在弹出的子菜单中可以选择界面布局方式，如图2-13所示。

【工作区】菜单中主要命令的作用如下。

- 标准：默认的After Effects工作界面。
- 所有面板：可以显示所有可用面板。
- 效果：可以调用特效的工作界面。
- 简约：只简单显示【时间轴】和【合成】面板，为了方便显示预览图像。
- 动画：适用于动画操作的工作界面。
- 文本：适用于文本创建的工作界面。
- 绘画：适用于绘图操作的工作界面。
- 运动跟踪：适用于对图像关键帧进行编辑，用于动态跟踪。

2.2.3　自定义工作界面

After Effects为适合不同用户的操作习惯，提供了自定义的工作界面。除可以通过【窗口】|【工作区】菜单中的命令选择想要的工作区模式外，还可以通过【窗口】菜单的命令来关闭或显示面板，对面板进行不同的搭配，其中带√符号的命令对应的面板正处于打开的状态，再次选择该命令，将取消命令前的√符号，同时关闭对应的面板，如图2-14所示。

图2-13　选择界面布局方式

图2-14　【窗口】菜单

如果工作区的某些面板过大或过小，用户可以通过拖动面板的边界调整面板的大小；如果需要调整面板的位置，可以通过拖动面板的标题进行位置调整。定制好界面后，可以对新组成的工作界面进行保存，便于以后使用。

【例2-1】自定义并保存工作界面。

01 启动After Effects，打开【01.aep】素材文件，将光标放在【合成】面板与【时间轴】面板的边界处，向上拖动面板的边界，可以减小【合成】面板，增大【时间轴】面板，如图2-15所示。

图2-15 拖动面板之间的边界

02 向下拖动【项目】面板的标题，可以将【项目】面板放置在窗口下方，如图2-16所示。

图2-16 调整【项目】面板的位置

03 选择【窗口】|【工作区】|【另存为新工作区】菜单命令，打开【新建工作区】对话框，将其命名为【工作区01】，然后单击【确定】按钮，如图2-17所示。

04 选择【窗口】|【将快捷键分配给"工作区01"工作区】|【Shift + F10(替换"默认")】菜单命令，替换默认的工作区，如图2-18所示。

图2-17 新建工作区

图2-18 选择命令

2.3　基本工具的应用

在工具栏中提供了视频编辑的常用工具，使用这些工具可以移动对象、控制视图、绘制图形、创建文本等。下面先介绍一些基本工具的作用和使用方法。

2.3.1　选取工具

【选取工具】▶在视频编辑中是最常用的工具，用于对素材进行选择、移动操作。选择【选取工具】，在【合成】面板中选择图像，然后进行拖曳，即可移动选择的图像，如图2-19和图2-20所示。

图2-19　移动素材前

图2-20　移动素材后

❖ 提示：

【选取工具】▶的快捷键是V键。

2.3.2　手形工具

【手形工具】✋用于改变【合成】面板中的可视区域，有助于编辑一些较大的素材。当视图中的图像显示过大时，无法显示全部对象，这时就可以通过【手形工具】拖动视图，来显示需要查看的对象，如图2-21和图2-22所示。

图2-21　移动视图前

图2-22　移动视图后

❖ 提示：

按住空格键，可以快速切换到【手形工具】状态，松开空格键，又回到之前选择的工具状态。【手形工具】✋的快捷键是H键。

2.3.3　缩放工具

【缩放工具】用于调整【合成】面板中图像的显示比例。缩放工具在默认情况下为放大模式，按住Alt键，可以变为缩小模式。在【合成】面板中单击，即可放大图像，如图2-23所示。

> ❖ 提示：
>
> 【缩放工具】的快捷键是Z键。

2.3.4　旋转工具

【旋转工具】用于旋转【合成】面板中的图像。选择【旋转工具】，在【合成】面板中选择图像，然后进行拖曳，即可旋转选择的图像，如图2-24所示。

图2-23　放大图像

图2-24　旋转图像

> ❖ 提示：
>
> 使用【旋转工具】也可以选择对象，该工具的快捷键是W键。

2.3.5　锚点工具

【锚点工具】主要用于修改素材的定位点位置。默认情况下，锚点位于图像的中心位置，改变对象的锚点，可以在旋转对象时以锚点为基点进行旋转，如图2-25和图2-26所示。

图2-25　改变锚点位置

图2-26　图像旋转效果

> ❖ 提示：
>
> 【锚点工具】的快捷键是Y键。

2.4 首选项设置

首选项用于设置After Effects的外观、功能等，用户可以根据自己的创作习惯和编辑需要，对相关的首选项进行设置。选择【编辑】|【首选项】菜单命令，在弹出的子菜单中选择某个命令，可以对相应的选项进行参数设置，如图2-27所示。

2.4.1 常规设置

选择【编辑】|【首选项】|【常规】菜单命令，可以打开【首选项】对话框，并显示常规选项的内容，在对话框右侧列表中可以设置一些通用的项目选项，包括对路径点和手柄大小的调整、显示工具提示以及整个系统协调性的设置，如图2-28所示。

图2-27 【首选项】子菜单

图2-28 常规选项

❖ 提示：

按Ctrl+Alt+;组合键，可以快速打开【首选项】对话框。

2.4.2　显示设置

在【首选项】对话框中选择【显示】标签选项，可以在右侧列表中设置项目运动路径的相应参数，如图2-29所示。

图2-29　显示设置

2.4.3　导入设置

在【首选项】对话框中选择【导入】标签选项，可以在右侧列表中设置静止素材、序列素材、自动重新加载素材等选项，如图2-30所示。

2.4.4　媒体和磁盘缓存设置

在【首选项】对话框中选择【媒体和磁盘缓存】标签选项，可以在右侧列表中设置磁盘缓存、符合的媒体缓存，以及 XMP元数据等，如图2-31所示。

图2-30　导入设置

❖ 提示：

默认情况下，After Effects磁盘缓存文件夹位于系统盘中。由于After Effects对内存容量的要求较高，并支持将磁盘空间作为虚拟内存使用，当系统盘的磁盘空间不足时，建议将磁盘缓存文件夹设置到空间充足的其他磁盘。另外在使用一段时间后，软件会积累一定的缓存，造成软件运行卡顿等，用户可以通过清空磁盘缓存，提高软件的操作速度。

图2-31　媒体和磁盘缓存设置

2.4.5 外观设置

在【首选项】对话框中选择【外观】标签选项，可以在右侧列表中设置界面外观的参数。例如，拖动【亮度】选项组的滑块，可以修改After Effects操作界面的亮度，如图2-32所示。

图2-32 设置界面外观亮度

2.4.6 自动保存设置

After Effects提供了自动保存功能，可以防止系统崩溃时造成不必要的损失。在【首选项】对话框中选择【自动保存】标签选项，可以在右侧列表中设置项目文件自动保存的时间间隔、最大保存项目数和自动保存位置等，如图2-33所示。

图2-33 自动保存设置

2.4.7 内存与性能设置

在【首选项】对话框中选择【内存与性能】标签选项，可以在右侧列表中设置分配给Adobe相关软件产品使用的内存，以及优化渲染的方式，如图2-34所示。

图2-34 内存与性能设置

2.4.8　音频硬件设置

在【首选项】对话框中选择
【音频硬件】标签选项，可以在右
侧列表中指定计算机的音频设备和
设置等待时间等，如图2-35所示。

图2-35　设置音频选项

【例2-2】调整工作界面亮度。

01 启动After Effects，在默认
状态下，该程序的界面颜色为深灰
色，如图2-36所示。

图2-36　After Effects默认界面颜色

02 选择【编辑】|【首选项】|
【外观】菜单命令，将打开【首选
项】对话框，并自动选择【外观】
标签选项，如图2-37所示。

图2-37　打开【首选项】对话框

03 向右拖动【亮度】选项的滑块，可以发现面板的颜色随着滑块的拖动而变化，如图2-38所示。

图2-38　拖动【亮度】选项滑块

04 单击【确定】按钮，关闭【首选项】对话框，就可以看到调整界面颜色亮度后的效果，如图2-39所示。

图2-39　调整界面亮度后的效果

2.5　快捷键设置

使用键盘快捷方式可以提高工作效率。After Effects为激活工具、打开面板以及访问大多数菜单命令都提供了键盘快捷方式。这些命令是预置的，但也可以进行修改。

2.5.1　自定义快捷键

选择【编辑】|【键盘快捷键】菜单命令，打开【键盘快捷键】对话框，在该对话框中可以创建或修改【应用程序】和【面板】两部分的快捷键，如图2-40所示。

1. 应用程序快捷键

默认状态下，在【键盘快捷

图2-40　【键盘快捷键】对话框

键】对话框的下方列表框中显示了【应用程序】类型的键盘命令，在【应用程序】键盘快捷键列表中显示了各种工具和菜单命令的键盘快捷键，如图2-41所示。

向下拖动键盘快捷键列表框右方的滚动条，可以显示各个菜单标题，如图2-42所示。单击菜单标题左侧的展开按钮，可以展开该菜单中包含的命令，在命令右方显示了相应的键盘快捷键，图2-43所示是展开【文件】菜单后显示对应的命令及键盘快捷键。

图2-41　应用程序键盘快捷键

图2-42　菜单标题

图2-43　【文件】菜单命令的键盘快捷键

2. 自定义面板快捷键

在【键盘快捷键】对话框中向下拖动键盘快捷键列表框右方的滚动条，可以显示各个面板标题，如图2-44所示。若要创建或修改面板中的键盘快捷键命令，可以在键盘快捷键列表框中展开相应的面板进行设置，图2-45所示是展开【合成面板】选项后显示对应的功能及键盘快捷键。

图2-44　显示面板标题

【例2-3】自定义命令快捷键。

01 选择【编辑】|【键盘快捷键】菜单命令，打开【键盘快捷键】对话框，在下方键盘快捷键列表中依次展开【应用程序】|【编辑】选项，展开其中的命令选项，如图2-46所示。

02 选中要添加快捷键的命令(如【仅复制表达式】)，然后在该命令快捷键对应的位置单击，将显示一个文本框■■，如图2-47所示。

图2-45　自定义面板快捷键

图2-46　展开【编辑】选项

图2-47　指定要添加快捷键的命令

03 按下一个功能键或组合键(如Ctrl+Alt+Shift+C)，如图2-48所示，然后在空白处单击，即可完成对选择命令进行键盘快捷键的创建，如图2-49所示。

图2-48　按下组合键

图2-49　为命令设置快捷键

04 在【键盘快捷键】对话框中选择一个带快捷键的命令，然后单击命令后面对应的快捷键，可以激活快捷键文本框，如图2-50所示。单击该命令快捷键文本框右下方的删除按钮 ▨，或单击对话框右下方的【清除】按钮，可以将原有的命令快捷键删除，如图2-51所示。

图2-50　激活快捷键文本框

图2-51　删除原键盘快捷键

05 在命令快捷键文本框的后面单击，将增加一个快捷键文本框，如图2-52所示，设置好新的快捷键后，删除原有键盘快捷键，即可修改该工具的快捷键，如图2-53所示。

图2-52 增加快捷键文本框　　　　　　　　　图2-53 修改快捷键

06 设置好快捷键后，单击对话框右下方的【确定】按钮，即可完成快捷键的设置；如果不需要对快捷键进行修改，则单击【取消】按钮。

❖ 提示：

单击【键盘快捷键】对话框右下方的【撤销】按钮，可以撤销当前设置的快捷键，连续单击【撤销】按钮，可以依次撤销前面设置的快捷键；单击【清除】按钮，可以清除当前的快捷键。

2.5.2 保存自定义快捷键

修改键盘快捷键命令后，在【键盘快捷键】对话框的【预设】选项右侧单击【另存为】按钮，如图2-54所示。然后在弹出的【创建预设】对话框中设置键盘布局预设名称并单击【保存】按钮，如图2-55所示，即可添加并保存自定义设置。

图2-54 单击【另存为】按钮　　　　　　　　图2-55 保存自定义设置

2.5.3 载入自定义快捷键

保存自定义快捷键后，在下次启动After Effects时，可以通过【键盘快捷键】对话框载入自定义的快捷键。在【键盘快捷键】对话框的【预设】下拉列表中选择自定义的快捷键(如【自定义01】)选项，即可载入自定义快捷键，如图2-56所示。

图2-56 载入自定义快捷键

2.6　习题

1. 【合成】面板的主要作用是什么？
2. 【时间轴】面板主要分为几个部分，作用是什么？
3. 【选取工具】的作用是什么？
4. 【手形工具】的作用是什么？
5. 如何在其他工具与【手形工具】之间快速切换？
6. 如何修改导入素材的合成长度和序列素材每秒的帧数？
7. 在设置快捷键时，错误地将一些常用的快捷键删除了，该怎么恢复？

第3章

项目与合成

使用After Effects进行影视后期编辑制作，首先需要掌握After Effects项目与合成的相关知识，建立项目与合成是进行影视后期编辑制作的第一步。

本章重点

- ◯ 建立项目
- ◯ 管理素材
- ◯ 建立合成

3.1 建立项目

项目的创建与设置是进行影视后期制作的第一步。本节将讲解创建、打开与保存项目，以及项目的设置等操作。

3.1.1 新建项目

新建项目文件有两种方式：一种是在主页界面中新建项目文件；另一种是在进入工作界面后，使用菜单命令新建项目文件。

1. 在主页界面中新建项目

启动After Effects，在打开的欢迎界面中单击【新建项目】按钮，即可新建一个项目，如图3-1所示。

2. 使用菜单命令新建项目

进入After Effects工作界面后，选择【文件】|【新建】|【新建项目】菜单命令，即可新建一个项目，如图3-2所示。

图3-1 单击【新建项目】按钮   图3-2 选择【新建项目】命令

3.1.2 项目设置

创建好项目后，可以对项目进行设置。选择【文件】|【项目设置】命令，打开【项目设置】对话框，即可根据需要进行设置，如图3-3所示。

❖ 提示：

在【项目设置】对话框中选择【时间显示样式】选项卡，再选中【时间码】单选按钮，可以修改默认基准值，如图3-4所示。国内电视是以PAL制式为基准的，视频的帧速以25帧/秒为默认基准。

图3-3　【项目设置】对话框　　　　　　　　图3-4　修改项目的默认基准

3.1.3　保存项目

完成项目文件的编辑后，用户需要及时对其进行保存。选择【文件】|【保存】菜单命令，在打开的【另存为】对话框中进行存储路径和名称的设置，然后单击【保存】按钮即可对项目进行保存，如图3-5所示。

❖ **提示:**

保存项目的快捷键为Ctrl+S。执行【文件】|【另存为】菜单命令，可以对已保存的项目以不同的路径和名称进行另存。

3.1.4　打开项目

当需要打开某个项目文件时，可以选择【文件】|【打开项目】菜单命令，打开【打开】对话框，然后在该对话框中找到需要的项目文件并将其打开，如图3-6所示。

图3-5　保存项目　　　　　　　　　　　图3-6　打开项目

❖ **提示:**

打开项目的快捷键为Ctrl+O。

3.1.5 关闭项目

执行【文件】|【关闭项目】菜单命令，可以关闭当前打开的项目。

3.2 管理素材

进行影视后期编辑操作，首先需要将所需素材导入【项目】面板中。【项目】面板主要用于素材的存放及分类管理，在【项目】面板中可以查看每个素材或合成的时间、帧速率和尺寸等信息。

3.2.1 After Effects支持的素材

After Effects可以导入多种类型与不同格式的素材，如图片素材、视频素材、音频素材等。

- ❍ 图片素材是指各种设计、摄影的图片，是影视后期制作最常用的素材，常用的图片素材格式有JPEG、TGA、PNG、PDF、BMP、PSD、EXR等。
- ❍ 视频素材是指由一系列单独的图像组成的视频素材形式，而一幅单独的图像就是1帧，常用的视频素材格式有AVI、WMV、MOV、MPG等。
- ❍ 音频素材是指一些字幕的配音、背景音乐和声音特效等，常用的音频格式主要有WAV、MP3、AAC、AIF等。

3.2.2 导入素材

在After Effects中导入素材时可以分次导入，也可以一次性全部导入，而不同类型的素材导入的方法也不同。

1. 执行导入命令

导入素材通常需要打开【导入文件】对话框进行导入，打开【导入文件】对话框有如下几种方法。

- ❍ 选择【文件】|【导入】|【文件】菜单命令，如图3-7所示。
- ❍ 在【项目】面板的空白处右击，在弹出的快捷菜单中选择【导入】|【文件】命令，如图3-8所示。
- ❍ 在【项目】面板的空白处双击。
- ❍ 按Ctrl+I组合键。

执行以上任意一种操作，都可打开【导入文件】对话框，然后选择并导入所需素材，如图3-9所示。

图3-7 选择【文件】|【导入】|【文件】命令导入文件

图3-8 从【项目】面板导入文件

图3-9 【导入文件】对话框

❖ 提示：

选择【文件】|【导入】|【文件】菜单命令和【文件】|【导入】|【多个文件】菜单命令都可以一次性导入多个素材，两者的区别在于：前者只能进行一次导入操作，只能导入同一个文件夹中的素材，而后者可以进行多次导入操作，可以导入不同文件夹中的素材，在完成导入一次素材后，随即将自动弹出【导入多个文件】对话框进行下一次导入操作，直到单击对话框中的【完成】按钮才结束导入操作，如图3-10所示。

图3-10 导入多个文件

2. 不同素材的导入方法

针对不同的素材，导入的方法也有所不同。下面介绍常见素材、序列文件和带图层文件的导入操作。

1) 导入常见素材

在After Effects中可以导入的常见素材是指图片素材、视频素材和音频素材。用户可以打开【导入文件】对话框，直接找到并导入需要的素材。

2) 导入序列文件

序列文件是指按某种顺序排列组成和命名的图片，每一帧画面都是一幅图片，大多数情况下是指用相机进行拍摄的连续图片，可以在后期制作成运动影像。例如，导入带有Alpha通道渲染的序列动画图片(如.png、.tga等文件)，可以供后期制作合成使用。

导入序列动画的图片时，需要在【导入文件】对话框中选中对应的【序列】复选框，如图3-11所示。如果没有选中对应的【序列】复选框，导入的则会是其中一帧的静态画面。图3-12所示是以序列对象导入多个图片后的结果。

图3-11　选中【序列】复选框

图3-12　导入序列图片

> ❖ **提示：**
>
> 　　选择【编辑】|【首选项】|【导入】菜单命令，可以在【首选项】对话框通过设置每秒导入多少帧的画面对导入的序列图片设置帧速率，从而合成为相应的活动影像，如图3-13所示。

3) 导入带图层的文件

　　除常用素材和序列文件外，在After Effects中还可以导入Photoshop软件生成的含有图层信息的.psd格式文件，而且可以对文件中的图层进行保留。

　　选择【文件】|【导入】|【文件】菜单命令，打开【导入文件】对话框，在选择带图层的文件后，可以在对话框下方的【导入为】下拉列表中选择导入带图层文件的3种方式，如果需要保留素材文件中的各个图层，则应该选择【合成-保持图层大小】选项，如图3-14所示。

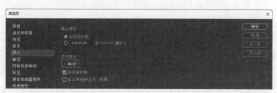

图3-13　设置导入序列图片的帧速率

3.导入最近使用过的素材

　　如果要导入最近使用过的素材，可以选择【文件】|【导入最近的素材】菜单命令，在子菜单中即可直接选择并导入最近使用过的素材文件，如图3-15所示。

图3-14　图层文件的导入方式

图3-15　导入最近使用过的素材

3.2.3　查看素材属性

在【项目】面板中，可以查看素材的【名称】【大小】【类型】【帧速率】【媒体持续时间】【入点】【文件路径】等属性。

单击【项目】面板中的属性菜单按钮项目 ☰，再选择【列数】命令，然后在弹出的子菜单中选择需要查看的属性选项，如图3-16所示，即可在【项目】面板中显示素材的相应属性，如图3-17所示。

图3-16　选择需要查看的属性选项　　　　　图3-17　显示素材的属性

3.2.4　解释素材

对于已经导入【项目】面板中的素材，如果需要对素材的帧速率、通道信息进行修改，可以右击【项目】面板中需要修改的对象，在弹出的快捷菜单中选择【解释素材】|【主要】命令，如图3-18所示，或单击【项目】面板底部的【解释素材】按钮 ，即可在打开的【解释素材】对话框中对素材的帧速率、通道信息等属性进行修改，如图3-19所示。

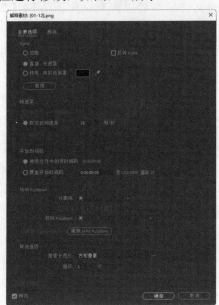

图3-18　选择命令　　　　　图3-19　修改素材属性

3.2.5 占位符素材

当计算机中用于After Effects中的素材被删除时，被删除的素材将以占位符的形式存在于【项目】面板中，并仍然能记忆丢失的源素材信息，但将显示为丢失的素材，如图3-20所示，在【合成】面板中也不能正常显示素材效果，如图3-21所示。

图3-20　占位符素材

图3-21　占位符素材效果

3.2.6 替换素材

在影视后期的编辑过程中，有时需要对素材进行替换，以达到想要的效果。在【项目】面板中选择需要替换的素材，然后选择【文件】|【替换素材】|【文件】菜单命令，或者右击素材，在弹出的快捷菜单中选择【替换素材】|【文件】命令，如图3-22所示，在打开的【替换素材文件】对话框中可以选择替换的素材文件，如图3-23所示。

图3-22　选择命令

图3-23　选择并替换素材

【例3-1】替换素材。

01 新建一个项目，选择【文件】|【导入】|【文件】菜单命令，在打开的【导入文件】对话框中选择如图3-24所示的两个素材，将选择的素材导入【项目】面板中，如图3-25所示。

图3-24 选择导入对象

图3-25 导入素材

02 在【项目】面板中选择第一个素材，然后执行【文件】|【替换素材】|【文件】菜单命令，在打开的【替换素材文件】对话框中选择替换的素材，如图3-26所示。单击【导入】按钮，即可替换原素材，如图3-27所示。

图3-26 "替换素材文件"对话框

图3-27 替换素材

3.2.7 分类管理素材

使用After Effects进行影视后期编辑时，在【项目】面板中通常存放着大量的素材，为了保持【项目】面板的整洁，需要通过创建文件夹，对素材文件进行分类管理。

【例3-2】分类管理素材。

01 新建一个项目，在【项目】面板中导入音频、视频和图片素材，如图3-28所示。

02 单击【项目】面板中的【新建文件夹】按钮██，并将新建的文件夹命名为"风景"，然后按Enter键进行确定，完成文件夹的创建，如图3-29所示。

03 选择【项目】面板中的风景素材，然后将这些素材拖到"风景"文件夹上，即可将选择的素材放入"风景"文件夹中，如图3-30所示。

04 创建一个名为"城市"的文件夹，并将城市素材拖入该文件夹中，如图3-31所示。

05 创建一个名为"音乐"的文件夹，并将音频素材拖入该文件夹中，如图3-32所示。

06 单击文件夹前面的折叠或展开按钮，可以折叠或展开该文件夹，从而隐藏或显示其中的内容，图3-33所示是折叠"音乐"和"风景"文件夹的效果。

图3-28 导入素材

图3-29 新建文件夹

图3-30 将素材放入文件夹中

图3-31 分类存放素材(一)

图3-32 分类存放素材(二)

图3-33 折叠"音乐"和"风景"文件夹

❖ 提示：

　　将素材放入文件夹后，可以对文件夹中的素材进行统一管理和修改。例如，在选中文件夹对象后，按Delete键，可以删除指定的文件夹及其内容。

3.3 建立合成

After Effects的影视编辑操作必须在一个合成中进行，一个项目内可以创建一个或多个合成，而每一个合成都能作为一个新的素材应用到其他合成中。

3.3.1 新建与设置合成

在After Effects的影视编辑中，用户可以通过如下3种方法新建合成。

○ 选择【合成】|【新建合成】菜单命令。

○ 在【项目】面板的空白处右击，在弹出的快捷菜单中选择【新建合成】命令，如图3-34所示。

○ 按Ctrl+N组合键。

执行【新建合成】命令后，将打开【合成设置】对话框，用户可以在该对话框中进行相关的参数设置，如图3-35所示。

图3-34 选择【新建合成】命令

图3-35 【合成设置】对话框

1.【合成设置】基本参数

【合成设置】对话框中的【基本】选项卡用于设置合成的基本参数，其中重要参数的作用如下。

○ 预设：可以选择预设的合成参数，从而快速地进行合成设置，如图3-36所示。

○ 像素长宽比：可以设置像素的长宽比例，在该下拉列表中可以看到预设的像素长宽比，如图3-37所示。

○ 帧速率：可以设置合成图像的帧速率。

图3-36 选择预设的合成参数　　图3-37 选择像素长宽比

- 分辨率：可以对视频效果的分辨率进行设置，用户可以通过降低视频的分辨率来提高渲染速度。

- 开始时间码：可以设置项目起始的时间，默认从0帧开始。

- 背景颜色：可以设置合成窗口的背景颜色，用户可以通过选择【吸管工具】进行背景颜色的调整。

2. 【合成设置】高级参数

在【合成设置】对话框中选择【高级】选项卡，可以对合成的高级参数进行设置，如图3-38所示，其中重要参数的作用如下。

- 锚点：可以对合成图像的中心点进行设置，该选项需要在完成合成的创建后，选中合成对象，然后选择【合成】|【合成设置】命令，重新打开【合成设置】对话框，才可以进行设置。

- 运动模糊：可以对快门的角度和相位进行设置，快门的角度影响图像的运动模糊程度，快门的相位则影响运动模糊的偏移程度。

- 每帧样本：可以设置对3D图层、特定效果的运动模糊和形状图层进行控制的样本数目。

3. 【合成设置】3D渲染器

在【合成设置】对话框中选择【3D渲染器】选项卡，可以在【渲染器】下拉列表中选择一种适合自己的渲染器，如图3-39所示。

图3-38　合成的高级参数设置

图3-39　合成的3D渲染器参数设置

3.3.2　预合成

在创建复杂效果的视频时，靠单个合成是无法完成的，这时就需要应用到预合成。

1. 认识预合成

预合成被称为嵌套合成，即将合成后的图层包含在新的合成中，这会将原始的合成图层替换掉，而新的嵌套合成又成为原始的单个图层源。当对多个图层使用相同特效或对合成的图层分组时，就可以使用预合成功能。

2. 生成预合成

通过将现有合成添加到其他合成中可以创建预合成。在【时间轴】面板中选择单个或多个图层，然后选择【图层】|【预合成】菜单命令，或右击选择的图层，在弹出的快捷菜单中选择【预合成】命令(如图3-40所示)，在打开的【预合成】对话框中设置预合成的名称等，如图3-41所示。

图3-40 选择【预合成】命令

图3-41 设置预合成

设置预合成的选项后，单击【确定】按钮，即可创建预合成。创建的预合成将自动生成在【项目】面板中，如图3-42所示。双击预合成对象，可以在【时间轴】面板中打开该合成，用户可以对其中的素材进行编辑，如图3-43所示。

图3-42 创建的预合成

图3-43 打开预合成对象

3.3.3 【时间轴】面板详解

【时间轴】面板主要用于设置图层属性和动画效果，如设置素材出入点的位置、图层的混合模式等，绝大多数的合成操作都是在【时间轴】面板中完成的，渲染作品时，【时间轴】面板底部的图层会最先被渲染。

【时间轴】面板的左侧为控制面板区域，由图层列表组成；右侧为时间轴区域，如图3-44所示。

图3-44 【时间轴】面板

【时间轴】面板主要由下列工具或按钮组成。

○ 时间码 0:00:00:00 ：用来显示【时间指示器】的时间位置，用户可以直接单击时间码重新输入参数以调整时间位置，也可以通过拖动时间轴区域中的时间指示器修改时间位置。

○ 搜索 ：用来搜索和查找素材的属性。

○ 合成微型流程图 ：用来调整流程图的显示设置。

○ 隐藏图层 ：用来隐藏设置了【消隐】开关的所有图层。

○ 帧混合 ：用来为设置了【帧混合】开关的所有图层启用帧混合。

○ 运动模糊 ：用来为设置了【运动模糊】开关的所有图层启用运动模糊。

○ 图表编辑器 ：用来切换时间轴操作区域的显示方式，如图3-45所示。

图3-45 开启图表编辑器

3.4 上机练习

通过本章的学习，读者需要掌握新建项目、新建合成、导入素材的方法。下面将通过创建一个简单合成，巩固练习本章所学的知识。

案例名称：	简单合成
文件路径：	第3章\简单合成
技术掌握：	新建项目、新建合成、导入素材、在【合成】面板中添加素材

01 启动After Effects应用程序，单击【新建项目】按钮创建新项目，如图3-46所示。

02 选择【文件】|【另存为】菜单命令，打开【另存为】对话框，对项目进行另存，如图3-47所示。

图3-46　新建一个项目

图3-47　保存项目

03 选择【合成】|【新建合成】菜单命令，在弹出的【合成设置】对话框中进行设置，如图3-48所示，单击【确定】按钮，即可建立一个新的合成，如图3-49所示。

图3-48　合成设置

图3-49　新建合成

04 选择【文件】|【导入】|【文件】菜单命令，打开【导入文件】对话框，选择要导入的素材，如图3-50所示。单击【导入】按钮，即可将选择的素材导入【项目】面板中，如图3-51所示。

图3-50　选择要导入的素材

图3-51　导入素材

05 将【项目】面板中的素材拖入【时间轴】面板中,可以在【合成】面板中预览素材的效果,如图3-52所示。

图3-52 在【时间轴】面板中添加素材

06 在【时间轴】面板中移动时间指示器,可以预览不同时间的素材效果,如图3-53所示。

图3-53 预览不同时间的素材效果

07 按Ctrl+S组合键对项目进行保存,完成本例的制作。

3.5 习题

1. After Effects可以导入哪些类型和格式的素材?
2. 如何对素材进行管理?
3. 什么是预合成?
4. 【时间轴】面板的作用是什么?
5. 新建一个项目与合成,进行图像的合成练习。

第4章

图层应用

After Effects中的图层是影视特效制作的后期平台，所有的特效和动画都是在图层上进行操作的，After Effects的图层所包含的元素比较丰富，不仅包含图像，还包含声音、灯光等素材。为了适应不同的后期制作需求，我们需要全面掌握After Effects图层的基本操作，提升用户的工作效率。

本章重点

○ 创建与编辑图层
○ 管理图层
○ 变换图层
○ 图层混合模式
○ 图层样式

4.1　图层概述

图层是构成合成的元素，有些合成中仅仅包含一个图层，而有些合成中包含众多图层，如果没有图层，合成就是一个空的帧。

4.1.1　认识图层

图层就像透明的覆盖层，用户可以在各图层中对图像进行编辑。每个图层就如同一张透明的纸，在影视特效制作过程中，透过一层纸可以看到下一层纸的内容，通过改变图层位置及创建新的图层，最后将每层纸叠加在一起，即可达到最终想要的效果。

> ❖ 提示：
>
> 素材图层是After Effects中最常见的图层，将【项目】面板中的图像、视频、音频等素材添加到【时间轴】面板后，会形成相应的素材图层，用户可以对其进行移动、缩放、旋转等基本操作。

4.1.2　图层属性栏

在【时间轴】面板左侧的图层属性栏中显示了图层开关、名称、模式、父级和链接等多个属性栏，在进行影视编辑时，用户可以根据需要打开或关闭其中的属性栏。

右击需要关闭的属性栏，在弹出的快捷菜单中选择【隐藏此项】命令，即可隐藏指定的属性栏，如图4-1所示。

右击属性栏的某个标题，在弹出的快捷菜单中选择【列数】命令，在弹出的子菜单命令中可以打开或关闭其中的属性栏，如图4-2所示。

图4-1　选择【隐藏此项】命令

图4-2　打开或关闭属性栏

> ❖ 提示：
>
> 将鼠标指针放在某个属性栏的边界线上，按住鼠标进行左右拖动，可以调节该属性栏的宽度。

4.2 创建与编辑图层

在影视后期制作时，用户可以根据实际需要新建图层，还可以对创建的图层进行编辑。用户也可以直接导入素材，然后将素材添加到图层列表中作为素材图层。

4.2.1 新建图层

图层需要在【合成】中进行创建，因此在新建的项目中，首先需要创建一个合成，然后选中【时间轴】面板，才能创建新图层。

用户可以通过如下3种方式新建图层。

○ 选择【图层】|【新建】菜单命令，在弹出的子菜单中选择要创建的图层类型，如图4-3所示。

○ 在【时间轴】面板的空白处右击，在弹出的快捷菜单中选择【新建】命令，然后在弹出的子菜单中选择要创建的图层类型，如图4-4所示。

○ 按组合键新建图层。例如按Ctrl+Y组合键，可以新建【纯色】图层。

图4-3 【图层】菜单

图4-4 通过右键菜单新建图层

用户可以创建以下类型的图层。

1. 文本图层

在文本图层中可以创建文字内容，还可以对图层中的文字对象进行移动、缩放、旋转及透明度的调节。

选择【图层】|【新建】|【文本】菜单命令，或在【时间轴】面板的空白处右击，在弹出的快捷菜单中选择【新建】|【文本】命令，即可创建一个文本图层，如图4-5所示。

图4-5 新建文本图层

使用【横排文字工具】或【直排文字工具】在【合成】面板中单击，也可以创建一个文本图层。

2. 纯色图层

纯色图层和其他素材图层一样，可以创建遮罩，也可以修改图层的变换属性，制作各种效果。纯色图层主要用来制作影片中的蒙版效果，同时也可以作为承载编辑的图层。

选择【图层】|【新建】|【纯色】菜单命令，或在【时间轴】面板的空白处右击，在弹出的快捷菜单中选择【新建】|【纯色】命令，然后在打开的【纯色设置】对话框中根据需要进行设置，如图4-6所示，单击【确定】按钮，即可创建指定的纯色图层，如图4-7所示。

图4-6　设置纯色图层　　　　　　　　　　图4-7　新建纯色图层

创建纯色图层时，在【纯色设置】对话框中单击【颜色】选项组中的颜色图标，即可在打开的【纯色】对话框中设置纯色图层的颜色；也可以单击吸管按钮，在屏幕中选择需要的颜色。

3. 灯光图层

灯光图层主要用来模拟不同种类的真实光源，而且可以模拟出真实的阴影效果。

选择【图层】|【新建】|【灯光】菜单命令，或在【时间轴】面板的空白处右击，在弹出的快捷菜单中选择【新建】|【灯光】命令，然后在打开的【灯光设置】对话框中根据需要设置相关参数，如图4-8所示。单击【确定】按钮，即可创建灯光图层，如图4-9所示。

4. 摄像机图层

摄像机图层可以起到固定视角的作用，通过摄像机可以创造一些空间场景或浏览合成空间，通过该图层还可以制作摄像机的动画，模拟真实的摄像机游离效果。

选择【图层】|【新建】|【摄像机】菜单命令，或在【时间轴】面板的空白处右击，在弹出的快捷菜单中选择【新建】|【摄像机】命令，在打开的【摄像机设置】对话框中进行相关参数的设置，如图4-10所示。单击【确定】按钮，即可创建摄像机图层，如图4-11所示。

图4-8　设置灯光图层

图4-9　新建灯光图层

图4-10　设置摄像机图层

图4-11　新建摄像机图层

❖ 提示：

　　在新建【纯色】【灯光】和【摄像机】图层后，【图层】菜单中的【图层设置】命令将变为对应的设置菜单命令，如图4-12所示，选择相应的图层设置命令，可以对新建的图层进行重新设置。

图4-12　图层设置命令

5. 空对象图层

　　空对象图层是一种虚拟图层，使其与其他的图层相链接，可以通过对父级图层的属性进行设置，以实现辅助创建动画的作用。

　　选择【图层】|【新建】|【空对象】菜单命令，或在【时间轴】面板的空白处右击，在弹

出的快捷菜单中选择【新建】|【空对象】命令，即可创建空对象图层。

❖ 提示：

空对象图层是一种虚拟图层，将空对象图层与其他图层相链接，便可以通过对父级图层的属性进行设置来辅助创建动画。

6. 形状图层

形状图层可以制作各种形状图形。在不选择任何图层的情况下，使用【蒙版】工具或【钢笔】工具可以直接在【合成】面板中绘制形状。

❖ 提示：

使用【钢笔工具】【椭圆工具】【多边形工具】等形状工具在【合成】面板中绘制图形，也可以创建形状图层。

7. 调整图层

调整图层在通常情况下不可见，主要作用是使其下方的图层附加调整图层上同样的效果，可以在辅助场景中进行色彩和效果上的调整。调整图层可以对该层下方的所有图层起作用。

选择【图层】|【新建】|【调整图层】菜单命令，或在【时间轴】面板的空白处右击，在弹出的快捷菜单中选择【新建】|【调整图层】命令，即可创建调整图层。

❖ 提示：

使用【钢笔工具】【椭圆工具】【多边形工具】等形状工具在【合成】面板中绘制图形，也可以创建调整图层。

8. 内容识别填充图层

内容识别填充是将图像进行拼接组合后填充在该区域并进行融合，从而达到快速无缝的拼接效果。

选择【图层】|【新建】|【内容识别填充图层】菜单命令，或在【时间轴】面板的空白处右击，在弹出的快捷菜单中选择【新建】|【内容识别填充图层】命令，即可创建内容识别填充图层。

9. 外部文件图层

除上述图层外，在After Effects中还可以创建Photoshop和Maxon Cinema 4D文件图层。

选择【图层】|【新建】|【Adobe Photoshop 文件】或【Maxon Cinema 4D文件】菜单命令，或在【时间轴】面板的空白处右击，在弹出的快捷菜单中选择【新建】|【Adobe Photoshop 文件】或【Maxon Cinema 4D文件】命令，即可创建相应的图层。

【例4-1】创建纯色背景。

01 启动After Effects，新建一个项目和一个合成。

02 选中【时间轴】面板，然后选择【图层】|【新建】|【纯色】菜单命令，打开【纯色

设置】对话框，如图4-13所示，单击【颜色】选项组的颜色块，在打开的【纯色】对话框中设置颜色为红色，如图4-14所示。

图4-13　【纯色设置】对话框　　　　　　　　　　　　图4-14　设置颜色

03 创建的纯色图层将自动生成在【时间轴】面板的图层列表中，如图4-15所示，在【合成】面板中可以预览创建的纯色背景颜色，如图4-16所示。

图4-15　创建纯色图层　　　　　　　　　　　　　　　图4-16　预览纯色背景

4.2.2　选择图层

在After Effects中选择图层的方法主要包括选择单个图层和选择多个图层两种。

1. 选择单个图层

在【时间轴】面板中单击所需选择的图层，可以将【时间轴】面板中相应的图层选中，如图4-17所示。

2. 选择多个图层

在【时间轴】面板左侧的【图层】列表中使用鼠标框选多个图层，即可将框选的图层选中，如图4-18所示。

图4-17　在【时间轴】面板选择单个图层　　　　　　图4-18　在【时间轴】面板框选多个图层

❖ 提示：

在【时间轴】面板左侧的【图层】列表中单击首个要选择的图层，然后按住Shift键，再单击最后一个要选择的图层，可以选择多个连续的图层。如果需要选择某些不相邻的图层，可以按住Ctrl键，然后分别单击所需选择的图层。

4.2.3 复制图层

根据影视制作的需要，对图层进行编辑时，经常需要对某些图层进行复制。下面讲解复制图层的3种常用方法。

- 选中需要复制的图层，选择【编辑】|【复制】菜单命令，然后选择要粘贴到某个图层上方的位置，再选择【编辑】|【粘贴】菜单命令，即可快速将复制图层粘贴到指定图层的上方。
- 选中需要复制的图层，按Ctrl+C组合键进行复制，然后选择要粘贴到某个图层上方的位置，再按Ctrl+V组合键进行粘贴，即可快速将复制图层粘贴到指定图层的上方。
- 选中需要复制的图层，然后选择【编辑】|【重复】菜单命令，或按Ctrl+D组合键，即可在当前图层的上方位置复制一个图层，如图4-19所示。

图4-19 在当前图层上方复制一个图层

4.2.4 合并图层

在进行影视制作的过程中，有时需要将几个图层合并在一起，便于实现整体的动画制作效果。合并图层的方法如下。

在【时间轴】面板的【图层】列表中选择想要合并的多个图层，然后选择【图层】|【预合成】菜单命令，或右击，在弹出的快捷菜单中选择【预合成】命令，如图4-20所示。在打开的【预合成】对话框中可以设置预合成的名称，然后单击【确定】按钮，即可将所选择的几个图层合并到一个新的图层中，图层合并后的效果如图4-21所示。

❖ 提示：

在【时间轴】面板中选择想要合并的多个图层，按Ctrl+Shift+C组合键，也可以打开【预合成】对话框进行图层合并设置。

图4-20　选择【预合成】命令

图4-21　预合成图层的效果

4.2.5　拆分图层

在After Effects中不仅可以合并图层，还可以在图层上的任何一个时间点对图层进行拆分。拆分图层的方法如下。

在【时间轴】面板中选中需要拆分的图层，将时间指示器拖到需要拆分的位置，再选择【编辑】|【拆分图层】菜单命令，即可将所选图层拆分为两个单个图层，如图4-22所示。

图4-22　将所选图层拆分为两个单个图层

> ❖ **提示：**
>
> 在【时间轴】面板中选择需要拆分的图层，将时间指示器拖到需要拆分的位置，然后按Ctrl+Shift+D组合键，也可将所选图层拆分为两个单个图层。

4.2.6　设置图层持续时间

在影视编辑过程中，用户可以通过单击【时间轴】面板中的【持续时间】选项修改图层的持续时间，也可以通过选择【图层】|【时间】|【时间延长】菜单命令修改图层的持续时间。

1. 通过【时间轴】面板修改持续时间

如果在【时间轴】面板没有显示【持续时间】选项，可以在【时间轴】面板的图层属性栏中右击，在弹出的菜单中选择【持续时间】命令，如图4-23所示，即可在【时间轴】面板中显示【持续时间】选项，如图4-24所示。

在【时间轴】面板中单击需要修改持续时间的图层对应的【持续时间】选项，打开【时间延长】对话框，在【新持续时间】文本框中输入时间数值，如图4-25所示，单击【确定】按钮，即可修改图层的持续时间，如图4-26所示。

图4-23　选择【持续时间】命令

图4-24　显示【持续时间】选项

图4-25　输入图层持续时间值

图4-26　修改图层持续时间

2. 通过菜单命令修改持续时间

在【时间轴】面板中选择需要修改持续时间的图层，然后选择【图层】|【时间】|【时间延长】菜单命令，打开【时间延长】对话框，即可修改图层的持续时间。

4.2.7　反向播放图层

在【时间轴】面板中选择需要反向播放的图层，然后选择【图层】|【时间】|【时间反向图层】菜单命令，即可反向播放该图层。

4.2.8　冻结图层帧

在【时间轴】面板中选择需要设置冻结帧的图层，然后将时间指示器移至需要冻结的某帧上，再选择【图层】|【时间】|【冻结帧】菜单命令，即可冻结图层该帧的图像，也就是在该图层中将只显示该帧图像。

4.2.9　删除图层

在进行项目的制作过程中，可以将不再需要的图层删除。选中【时间轴】面板中需要删除的一个或多个图层，然后选择【编辑】|【清除】菜单命令，或直接按Delete键，即可将选择的图层删除。

4.3　管理图层

在After Effects中进行影视后期合成操作时，每个导入的合成图像素材文件都是以图层的形式存在的，在制作复杂的效果时，将用到大量的图层。为了便于制作，这时就需要对图层进行有效管理。

4.3.1 开关图层

在编辑影视作品的过程中，为了排除某些图层对预览效果的干扰，可以将这些图层先关闭，待编辑好以后再将其打开。

单击图层中的【视频】按钮◉，如图4-27所示，图层中眼睛图标将消失，此时表示已经关闭该图层，如图4-28所示，再次单击该按钮，即可重新打开该图层。

图4-27　单击【视频】按钮　　　　　　　　　　图4-28　关闭图层

> ❖ 提示：
>
> 如果图层中的素材是音频对象，单击图层中的【音频】按钮◀)，可以关闭该音频图层，再次单击该按钮，可以重新打开该图层。

4.3.2 独奏图层

如果只需打开某个或某些图层，可以单击图层中的【独奏】按钮，如图4-29所示，该图层中将显示【独奏】图标●，如图4-30所示，此时将自动关闭其他图层的效果，只显示独奏图层的效果。

图4-29　单击【独奏】按钮　　　　　　　　　　图4-30　独奏图层

4.3.3 锁定图层

为了防止某些图层被修改，可以将这些图层锁定，锁定后的图层便不能被编辑。

单击图层中的【锁定】按钮，如图4-31所示，该图层中将显示【锁定】图标🔒，此时将锁定该图层，如图4-32所示。

图4-31　单击【锁定】按钮　　　　　　　　　　图4-32　锁定图层

4.3.4 重命名图层

对图层进行命名，可以对各个图层进行区分，以便在影视后期制作过程中，快速找到对应的图层。

右击需要命名的图层，在弹出的快捷菜单中选择【重命名】命令，如图4-33所示，然后输入图层名称并按Enter键进行确定，即可重命名图层，如图4-34所示。

图4-33 选择【重命名】命令　　　　　　　　图4-34 重命名图层

4.3.5 排列图层

在影视后期制作过程中，根据项目需求可以对图层的排列顺序进行设置，从而影响项目最终的合成效果。

对图层进行排列的主要方法有如下两种。

○ 在【时间轴】面板中使用鼠标直接拖拉图层，调整图层的上下位置。
○ 选中图层后，然后选择【图层】|
【排列】菜单命令，在弹出的子菜单中选择相应命令来调整图层的位置，如图4-35所示。

图4-35 图层排列方式

在【排列】菜单中，各个排列命令的作用如下。

○ 将图层置于顶层：将选中图层的位置调整到最上层。
○ 使图层前移一层：将选中图层的位置向上移动一层。
○ 使图层后移一层：将选中图层的位置向下移动一层。
○ 将图层置于底层：将选中图层的位置调整到最下层。

4.3.6 添加图层标记

在特定的时间位置为图层添加标记，可以方便查找所需的素材内容。添加图层标记的方法如下。

选中需要添加标记的图层，并将时间指示器移到需要添加标记的位置，然后选择【图层】|【添加标记】菜单命令，即可在当前位置添加标记，如图4-36所示。添加图层标记后，右击标记，可以在弹出的右键菜单中执行相应的标记操作，如图4-37所示。

图4-36 添加图层标记　　　　　　　　图4-37 图层标记右键菜单

图层标记右键菜单中部分命令的作用如下。

- 转到标记时间：可以将时间指示器快速移到标记位置。
- 删除此标记：删除当前的图层标记。
- 删除所有标记：删除所有的图层标记。
- 锁定标记：锁定图层标记，锁定后的图层标记将不能进行移动、删除等修改操作。

4.3.7　设置图层出入点

在进行影视制作时，可以对图层的出入点(即开始位置和结束位置)进行编辑。编辑图层的出入点时，首先要在【时间轴】面板的时间码数字框中输入时间值，或拖动时间指示器设置好时间位置。

1. 设置图层入点

设置图层入点的方法有如下两种。

- 在【时间轴】面板中按住鼠标左键拖动图层左侧的边缘，即可设置图层的入点，如图4-38所示。
- 在【时间轴】面板中将时间指示器调整到需要的位置，然后按Alt+[组合键，即可设置图层的入点，如图4-39所示。

图4-38　拖动图层左边缘设置图层入点　　　　图4-39　按Alt+[组合键设置图层入点

2. 设置图层出点

设置图层出点的方法有如下两种。

- 在【时间轴】面板中按住鼠标左键拖动图层右侧的边缘，即可设置图层的出点，如图4-40所示。
- 在【时间轴】面板中将时间指示器调整到需要的位置，然后按Alt+]组合键，即可设置图层的出点，如图4-41所示。

图4-40　拖动图层右边缘设置图层出点　　　　图4-41　按Alt+]组合键设置图层出点

4.3.8　提升与抽出图层

如果要删除图层中的某些内容时，可以使用提升与抽出两种方式。提升方式即在保留被选图层的时间长度不变时，可以移除工作面板中被选择的图层内容，而保留删除后的空间。

抽出方式可以移除工作面板中被选择的图层内容，但是被选图层的时间长度会相应缩短，删除后的空间则会被后面的素材替代。

- 选择要调整的图层，然后选择【编辑】|【提升工作区域】菜单命令，即可进行工作区域的提升。
- 选择要调整的图层，然后选择【编辑】|【提取工作区域】菜单命令，即可进行工作区域的抽出。

4.4　变换图层

在After Effects中，图层的属性是设置关键帧动画的基础，图层的属性可以通过菜单命令或图层列表两种方式进行设置。

方式一：通过菜单命令设置变换属性

除音频图层具有单独的属性外，其他的所有图层都包含几个基本属性，分别是锚点、位置、缩放、旋转和不透明度等，通过【图层】|【变换】菜单中的子命令可以对这些属性进行修改，如图4-42所示。

方式二：通过图层列表设置变换属性

除了可以通过【图层】|【变换】菜单中的子命令对图层属性进行修改，还可以在图层列表中展开【变换】选项组，对这些属性进行修改，如图4-43所示。

图4-42　【变换】子命令　　　　　图4-43　展开【变换】选项组

在图层列表中设置图层属性的方法有如下几种。

- 将鼠标指针放置在对应属性值上进行拖动，可以改变属性值，如图4-44所示。
- 直接单击属性值，然后输入新的值，可以改变属性值，如图4-45所示。
- 使用选取工具在【合成】面板中对对象进行拖动，图层列表中的属性值将发生相应变化。

图4-44　拖动属性值　　　　　图4-45　修改属性值

4.4.1 设置图层锚点

锚点就是素材的定位点。默认状态下,锚点即为素材的中心点,对素材进行缩放和旋转都是在【锚点】属性的基础上进行操作的。

选择【图层】|【变换】|【锚点】菜单命令,打开【锚点】对话框,可以对素材的锚点进行修改。设置不同位置的锚点,对素材进行缩放和旋转调整可以达到不同的视觉效果。图4-46和图4-47所示是设置不同锚点后的对比效果。

图4-46 锚点参数值效果(一)　　　　　　　　图4-47 锚点参数值效果(二)

❖ 提示:

在修改图层的锚点时,图层中的素材在【合成】面板中的位置也会随之改变,此时可以通过在【合成】面板中拖动素材,或者通过【位置】选项调整素材的位置(如图4-48所示),锚点会随着素材位置的变化而变化(如图4-49所示)。

图4-48 锚点原位置　　　　　　　　　图4-49 锚点随着素材位置变化

4.4.2 设置图层位置

【位置】属性用于控制素材图像在整个影视画面中的位置,可以用来制作位移动画。

选择【图层】|【变换】|【位置】菜单命令,或按Ctrl+Shift+P组合键,可以打开【位

置】对话框对素材的位置进行修改。图4-50和图4-51所示是设置不同位置的对比效果。

图4-50　位置参数值效果(一)　　　　　　　图4-51　位置参数值效果(二)

❖ 提示：

【锚点】对话框和【位置】对话框所设置的坐标不同：在【锚点】对话框中调整的是锚点在素材中的位置；而在【位置】对话框中调整的是素材在画面中的位置。

4.4.3　设置图层缩放

【缩放】属性用来控制图像的大小，选择【图层】|【变换】|【缩放】菜单命令，可以打开【缩放】对话框进行缩放属性的设置，如图4-52所示。

在【缩放】对话框中，默认的缩放是等比例缩放图像，用户也可以单击【锁定缩放】按钮 ⊝ 将其锁定解除，选择非等比例缩放图像，即对图像的宽度或高度单独进行调节。设置等比缩放的效果如图4-53所示。

图4-52　【缩放】对话框

图4-53　等比缩放效果

❖ 提示：

若将【缩放】属性设置为负值，图层中的素材图像则会发生翻转。

4.4.4　设置图层旋转

【旋转】属性用于控制图像在合成画面中的旋转角度。选择【图层】|【变换】|【旋转】菜单命令，或按Ctrl+Shift+R组合键，可以打开【旋转】对话框对素材的旋转参数进行修改，如图4-54所示，对素材进行旋转后的效果如图4-55所示。

图4-54　【旋转】对话框　　　　　　　　　图4-55　旋转效果

4.4.5　设置图层不透明度

【不透明度】属性主要用来对素材图像进行不透明效果的设置。选择【图层】|【变换】|【不透明度】菜单命令，或按Ctrl+Shift+O组合键，可以打开【不透明度】对话框对素材的不透明度属性进行设置。为图像设置不同不透明度的对比效果如图4-56和图4-57所示。

图4-56　不透明度参数值效果(一)　　　　　图4-57　不透明度参数值效果(二)

❖ 提示：

不透明度参数以百分比的形式表示，当数值达到百分百时，即图像完全不透明；而当数值为零时，即图像完全透明。

4.5 图层混合模式

每个图层都是由色彩三要素中的色相、明度和纯度构成的，图层的混合模式就是利用图层的属性通过计算的方式对几幅图像进行混合，以产生新的图像画面。在After Effects中，图层相互间有多种混合模式供用户选择。

4.5.1 设置图层混合模式

要对图层与其下面的图层应用混合模式，可以使用如下两种常用方法。

- 在【时间轴】面板中选中需要设置混合模式的图层，然后选择【图层】|【混合模式】菜单命令，在弹出的子菜单中选择所需的混合模式，如图4-58所示。
- 在【时间轴】面板中右击需要设置混合模式的图层，然后在弹出的快捷菜单中进行混合模式的选择，如图4-59所示。

图4-58 使用菜单设置混合模式

图4-59 使用右键设置混合模式

4.5.2 常用混合模式详解

由于After Effects有几十种图层混合模式，在这里将讲解几种常用的混合模式，其中包括正常模式、颜色与模板Alpha模式、变暗与变亮模式，以及叠加与差值模式。下面以图4-60所示和图4-61所示的素材为例，介绍各种常用混合模式的效果。

图4-60 图层1中的素材

图4-61 图层2中的素材

1. 正常模式

正常模式是默认模式，当图层的不透明度为100%时，合成会根据Alpha通道正常地显示当前图层，上层画面不会对下层画面产生影响；当图层的不透明度小于100%时，那么当前图层的色彩效果将受到其他图层的影响，如图4-62所示。

2. 颜色与模板Alpha模式

颜色模式通过叠加的方式，来改变底部图层颜色的色相、明度及饱和度，既能保证原有颜色的灰度细节，又能为黑白色或不饱和图像上色，从而产生不同的叠加效果，如图4-63所示；模板Alpha模式通常用作遮罩，利用本身的Alpha通道与底部图层的内容相叠加，将底部图层都显示出来。

图4-62 降低不透明度的正常模式效果

图4-63 颜色模式效果

3. 变暗与变亮模式

变暗与变亮模式主要使当前的图层素材的颜色整体变暗或变亮。其中变暗模式主要是将白背景去掉，从而降低亮度值，如图4-64所示；而变亮模式与变暗模式相反，通过选择基础色与混合色中较明亮的颜色作为结果颜色，从而提高画面的颜色亮度，如图4-65所示。

图4-64 变暗模式效果

图4-65 变亮模式效果

4. 叠加与差值模式

叠加与差值模式主要用于两个图像间像素上的叠加与差值。其中叠加模式可以根据底部图层的颜色，通过对图层像素的叠加或覆盖，在不替换颜色的同时反映颜色的亮度或暗度，如图4-66所示；而差值模式则是从基色或混合色中相互减去，对于每个颜色通道，当不透明度值为100%时，当前图层的白色区域会进行反转，黑色区域不会有变化，白色与黑色之间会有不同程度的反转效果，如图4-67所示。

图4-66 叠加模式效果

图4-67 差值模式效果

【例4-2】修改图层混合模式。

01 启动After Effects，新建一个项目，然后将所需素材导入【项目】面板中，如图4-68所示。

02 新建一个合成，设置合成的宽度和高度等基本参数，如图4-69所示。

图4-68 导入素材

图4-69 设置合成的宽度和高度

03 将【沙漠.jpg】素材添加到【时间轴】面板的图层列表中，如图4-70所示，在【合成】面板可以预览素材的效果，如图4-71所示。

图4-70 将素材添加到图层列表中

图4-71 预览素材效果

04 将【城堡.png】素材添加到【沙漠.jpg】图层的上方，如图4-72所示，在【合成】面板可以预览图像效果，如图4-73所示。

图4-72　将素材添加到图层列表中　　　　　　　　　图4-73　预览图像效果

05 展开【城堡.png】图层中的【变换】选项组，然后修改【位置】和【缩放】参数，如图4-74所示，得到的效果如图4-75所示。

图4-74　修改【位置】和【缩放】参数　　　　　　　图4-75　预览效果

06 修改【城堡.png】图层中的【模式】为【柔光】，如图4-76所示，得到的效果如图4-77所示。

图4-76　修改图层模式　　　　　　　　　　　　图4-77　柔光效果

07 按Ctrl+D组合键，复制一次【城堡.png】图层，然后将图层的【模式】设置为【线性减淡】，如图4-78所示，得到的最终效果如图4-79所示。

图4-78　复制图层并修改图层模式　　　　　　　　图4-79　最终效果

4.6 图层样式

通过设置图层样式可以为图层中的图像添加多种效果,如投影、内发光、浮雕、叠加和描边等效果。

4.6.1 设置图层样式

对图层设置图层样式,可以使用如下两种常用方法。

- 在【时间轴】面板中选中需要设置图层样式的图层,然后选择【图层】|【图层样式】菜单命令,在弹出的子菜单中选择所需图层样式。
- 在【时间轴】面板中右击需要设置图层样式的图层,然后在弹出的快捷菜单中选择图层样式。

【例4-3】添加图层描边样式。

01 启动After Effects,新建一个项目,然后将所需素材导入【项目】面板中,如图4-80所示。

02 将素材拖到【时间轴】面板中,创建一个以素材为基础的合成,在【合成】面板中可以预览素材的效果,如图4-81所示。

图4-80 导入素材

图4-81 预览素材效果

03 使用【文字工具】创建一个文本,在【合成】面板中的预览效果如图4-82所示。

04 在【时间轴】面板中右击文本图层,在弹出的快捷菜单中选择【描边】图层样式,如图4-83所示。

图4-82 预览效果

图4-83 选择图层样式

05 在【图层】列表中展开【描边】样式选项,设置描边的颜色为红色,适当调整描边大小,如图4-84所示,创建的描边效果如图4-85所示。

图4-84 设置描边样式

图4-85 描边样式效果

4.6.2 图层样式详解

After Effects提供了多种类型的图层样式，包括投影样式、发光样式、浮雕样式、叠加样式和描边样式等，如图4-86所示。下面以图4-87所示的文字图像为例，介绍各种图层样式的效果。

图4-86 菜单设置图层样式

图4-87 原文字图像效果

1. 投影与内阴影样式

制作影视特效时，为达到更好的视觉效果，可以为图像添加投影与内阴影效果。使用投影与内阴影样式可以按照对应图层中图像的边缘形状，为图像添加投影或内阴影效果，添加投影与内阴影样式后的文字效果如图4-88和图4-89所示。

图4-88 投影效果

图4-89 内阴影效果

2. 外发光与内发光样式

使用外发光与内发光样式可以按照图层中图像的边缘形状，添加外发光与内发光效果，添加外发光与内发光样式后的效果如图4-90和图4-91所示。

图4-90 外发光效果

图4-91 内发光效果

3. 斜面和浮雕样式

使用斜面和浮雕样式可以按照图层中图像的边缘形状，添加斜面和浮雕效果，图4-92所示是内斜面效果。在图层列表中，还可以在【样式】下拉列表中选择其他浮雕样式，如图4-93所示。

图4-92 内斜面效果

图4-93 选择浮雕样式

4. 颜色叠加与渐变叠加样式

使用颜色叠加与渐变叠加样式可以按图层中图像的形状，添加相应的颜色与渐变颜色效果，添加颜色叠加与渐变叠加样式后的效果如图4-94和图4-95所示。

图4-94 红色颜色叠加效果

图4-95 渐变叠加效果

5. 光泽与描边样式

使用光泽与描边样式可以按图层中图像的形状，添加光泽和相应的描边，以得到不同的光泽与描边效果，添加光泽与描边样式后的效果如图4-96和图4-97所示。

图4-96　红色光泽效果

图4-97　红色描边效果

4.7　上机练习

通过本章的学习，读者需要掌握图层的应用方法。下面将通过创建新年祝福标题和霓虹字案例，巩固练习本章所学的知识。

4.7.1　创建新年祝福标题

案例名称：	新年祝福标题
文件路径：	第4章\新年祝福标题
技术掌握：	图层的创建与编辑、图层样式的设置

本案例将通过创建新年祝福标题，练习图层的创建与编辑，以及图层样式的设置。本例的最终效果如图4-98所示。

01 启动After Effects，新建一个项目和一个合成。

02 选择【文件】|【导入】|【文件】菜单命令，打开【导入文件】对话框，选择要导入的素材，如图4-99所示，单击【导入】按钮，将选择的素材导入【项目】面板中，如图4-100所示。

图4-98　案例效果

图4-99　选择要导入的素材

图4-100　导入素材

03 选中【时间轴】面板，然后选择【图层】|【新建】|【纯色】菜单命令，打开【纯色设置】对话框，如图4-101所示，单击【颜色】选项组的颜色块，在打开的【纯色】对话框中设置颜色为深红色，如图4-102所示。

图4-101 【纯色设置】对话框

图4-102 【纯色】对话框

04 创建的纯色图层将自动生成在【时间轴】面板的图层列表中，如图4-103所示，在【合成】面板中可以预览创建的纯色背景颜色，如图4-104所示。

图4-103 创建纯色图层

图4-104 预览纯色背景

05 将【项目】面板中的【新年背景】素材拖到【时间轴】面板的图层列表中，将其放在纯色图层的上方，如图4-105所示，效果如图4-106所示。

图4-105 添加新年背景素材图层

图4-106 预览新年背景效果

06 选择【图层】|【新建】|【文本】菜单命令，新建一个空文本图层，如图4-107所示。

07 创建好空文本图层时，该文本图层处于激活状态，此时可以直接输入文字内容，适当设置文字的字体、大小和颜色，如图4-108所示。

图4-107 新建空文本图层   图4-108 输入文字内容

❖ **提示：**

创建好文本图层后，如果文本图层未处于激活状态，就不能在该图层中输入文字，需要双击该图层将其激活，然后才能在该图层中输入文字。

08 继续创建一个文本图层，然后输入英文，如图4-109所示，在【合成】面板中的文字效果如图4-110所示。

图4-109 新建英文文本图层   图4-110 文字预览效果

09 选中创建的两个文本图层，然后选择【图层】|【图层样式】|【投影】菜单命令，为文本图层添加投影效果，设置投影距离和大小均为10，如图4-111所示，效果如图4-112所示。

图4-111 添加图层样式   图4-112 投影效果

10 将【项目】面板中的【灯笼彩云】素材拖到【时间轴】面板的图层列表中，将其放在文本图层的上方，如图4-113所示，完成本例的制作，效果如图4-114所示。

图4-113 添加素材图层　　　　　　　　　　　图4-114 最终效果

4.7.2 制作霓虹字

案例名称：	霓虹字
文件路径：	第4章\霓虹字
技术掌握：	图层样式和图层混合模式的设置

本案例将通过制作霓虹字，练习图层样式和图层混合模式的设置。本例的最终效果如图4-115所示。

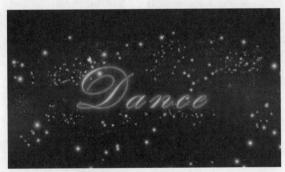

图4-115 案例效果

01 启动After Effects，新建一个项目和一个合成，然后导入所需素材，如图4-116所示。

02 新建一个文本图层，然后输入文字内容，设置文字颜色为黄色，适当调整文字字体和大小，如图4-117所示。

图4-116 导入素材　　　　　　　　　　　图4-117 创建文本对象

03 选择【图层】|【图层样式】|【描边】菜单命令，设置描边的颜色为红色，适当调整描边大小，如图4-118所示，描边效果如图4-119所示。

图4-118　设置描边样式　　　　　　　　　　　图4-119　描边效果

04 选择【图层】|【图层样式】|【外发光】菜单命令，设置外发光的颜色为红色，适当调整外发光的扩展和大小，如图4-120所示，外发光效果如图4-121所示。

图4-120　设置外发光样式　　　　　　　　　　图4-121　外发光效果

05 将【项目】面板中的【背景】素材添加到文本图层的上方，设置图层混合模式为【变亮】，如图4-122所示，本例的最终效果如图4-123所示。

图4-122　设置背景素材的混合模式　　　　　　图4-123　最终效果

4.8　习题

1. 如何理解After Effects中的图层？

2. After Effects有哪些图层类型？

3. 在After Effects中如何得到素材图层？

4. 练习创建素材图层、文本图层、纯色图层等。

5. 创建图层，然后对图层的变换属性进行修改。

6. 创建多个素材图层，然后对图层的混合模式进行修改。

7. 创建多个素材图层，然后对图层的图层样式进行修改。

第5章

关键帧动画

　　关键帧动画可以帮助用户实现角色或物体由静止向运动的转变，通过在图层的【变换】属性中设置关键帧，可以制作出随着时间变化而形成运动的视频动画效果，从而使原本枯燥乏味的图像活灵活现起来。

本章重点

○　关键帧动画基础
○　创建关键帧动画
○　编辑关键帧
○　图表编辑器

5.1 关键帧动画基础

在学习关键帧动画前，用户首先需要了解什么是关键帧、如何创建关键帧、动画基本类型包括哪些等知识。

5.1.1 关键帧动画概念

帧是动画中最小单位的单幅影像画面，相当于电影胶片上的每一格镜头。在动画软件的时间轴上，帧表现为一格或一个标记。关键帧相当于二维动画中的原画，指角色或物体在运动或变化中的关键动作所处的那一帧。关键帧与关键帧之间的动画可以由软件来创建，叫作过渡帧或中间帧。

所谓关键帧动画，就是给需要动画效果的属性，准备一组与时间相关的值，这些值都是在动画序列中比较关键的帧中提取出来的；而其他时间帧中的值，可以用这些关键值，采用特定的插值方法计算得到，从而达到比较流畅的动画效果。任何动画要表现运动或变化，至少前后要给出两个不同的关键状态，而中间状态的变化和衔接，可以由计算机自动完成，表示关键状态的帧动画叫作关键帧动画。

使用关键帧可以创建动画、效果和音频属性，以及其他一些随时间变化而变化的属性。关键帧标记指示设置属性的位置，如空间位置、不透明度或音频的音量。关键帧之间的属性数值会被自动计算出来。当使用关键帧创建随时间而产生变化的动画时，至少需要两个关键帧，一个处于变化的起始位置的状态，另一个处于变化的结束位置的新状态。使用多个关键帧时，可以通过复制关键帧属性进行变化效果的复制。

5.1.2 创建关键帧

After Effects中的关键帧主要是在【时间轴】面板中进行创建的，在图层的【变换】属性下有多种属性的可选项，通过设置这些属性来调整对象，可以改变对象的状态。在需要创建动画效果时，通过在不同时间位置创建关键帧，并设置不同的属性值，即可产生对象的运动效果。

单击图层属性左侧的【关键帧控制器】按钮，关键帧动画就会被激活，在属性左侧将显示用于添加/删除或切换关键帧的控件按钮，如图5-1所示。此后，在【时间轴】面板中更改相关属性的值，或在【合成】面板上调整物体的位置或形态，都将被记录成为关键帧，并在相应的时间位置出现一个关键帧图标，如图5-2所示。

图5-1 创建关键帧

图5-2 关键帧

关键帧控件按钮的作用如下。

- 上一个关键帧◀：单击该按钮，将移动到上一个关键帧位置。
- 添加或移除关键帧◈：单击该按钮，将在当前时间添加一个关键帧，或删除当前时间的关键帧。
- 下一个关键帧▶：单击该按钮，将移动到下一个关键帧位置。

❖ 提示：

按Alt+Shift+P组合键，可以在当前时间位置添加或删除位置关键帧。

5.1.3 动画基本类型

在After Effects中，可以创建的关键帧动画类型主要包括位移动画、缩放动画、旋转动画和淡入淡出动画(不透明度动画)。在【时间轴】面板中展开图层的【变换】属性，可以对变换的各个属性进行关键帧设置，从而制作出相应的动画效果，如图5-3所示。

图5-3 关键帧动画类型

5.1.4 播放动画

创建好关键帧动画后，在不同关键帧之间拖动时间指示器，可以预览相应的关键帧动画效果。用户也可以选择【窗口】|【预览】菜单命令，打开【预览】面板，对创建的关键帧动画进行播放控制，如图5-4所示。

【预览】面板中常用选项的作用如下。

- 播放/停止▶：播放或停止合成中的影片。
- 第一帧◀：转到影片的第一帧，即开始位置。
- 最后一帧▶：转到影片的最后一帧，即结束位置。
- 上一帧◀：转到当前位置的上一帧。
- 下一帧▶：转到当前位置的下一帧。
- 快捷键：用户可根据个人习惯在其下拉列表中选择预览影片的快捷键，如图5-5所示。

图5-4 【预览】面板

图5-5 选择快捷键

❖ 提示：

在默认情况下，按空格键可以对动画效果进行预览。

5.2 创建关键帧动画

前面介绍了动画的基本类型，包括位移动画、缩放动画、旋转动画和淡入淡出动画等，下面将讲解如何创建这些类型的动画。

5.2.1 创建位移动画

在After Effects中，可以通过修改素材的【锚点】或【位置】参数制作素材的移动效果。

1. 通过【锚点】制作位移动画

在【时间轴】面板中展开图层的【变换】属性，如图5-6所示，单击【锚点】属性前的【关键帧控制器】按钮，将开启【锚点】属性的动画功能，如图5-7所示。

图5-6 展开图层的【变换】属性　　　　　　图5-7 开启【锚点】动画功能

在【时间轴】面板中的不同时间点对物体锚点进行调整，就会得到物体的运动效果，如图5-8和图5-9所示。

图5-8 调整锚点(一)　　　　　　　　　图5-9 调整锚点(二)

❖ 提示：

在After Effects中，虽然修改素材的【锚点】可以移动素材对象，但【锚点】功能主要用于修改素材的定位点位置。例如，在以对象中心点旋转对象时就需要用到该选项，而制作素材的运动效果通常使用【位置】功能。

2. 通过【位置】制作位移动画

在【时间轴】面板中展开图层的【变换】属性，单击【位置】属性前的【关键帧控制器】按钮 ，将开启【位置】属性的动画功能，如图5-10所示。在【时间轴】面板中的不同时间点对物体位置进行调整，就会得到位置关键帧的动画，在【合成】面板中将会生成一条显示运动轨迹的控制线，如图5-11所示。

图5-10　开启【位置】动画功能　　　　　　　　图5-11　动画轨迹

❖ 提示：

通过修改【位置】选项制作对象的运动效果时，其锚点(即定位点)与对象的相对位置没有发生变化；而修改【锚点】选项时，对象与锚点(即定位点)的相对位置发生了变化，使其产生了运动效果。

设置好【位置】关键帧后，在【合成】面板中选取对象的关键帧，可以对关键帧进行调整，从而改变对象的运动轨迹，如图5-12和图5-13所示。

图5-12　调整起点关键帧　　　　　　　　图5-13　调整终点关键帧

❖ 提示：

按Alt+Shift+P组合键，可以在当前时间位置添加或删除【位置】关键帧。

【例5-1】创建位移动画。

01 新建一个项目，在【项目】面板中导入素材，如图5-14所示。

02 新建一个合成，在【合成设置】对话框中设置持续时间为6秒，如图5-15所示。

图5-14 导入素材

图5-15 新建一个合成

03 将【项目】面板中的素材添加到【时间轴】面板的图层列表中，将【足球.png】图层放在上方，如图5-16所示，在【合成】面板中对效果进行预览，效果如图5-17所示。

图5-16 在图层列表中添加素材

图5-17 预览效果

04 展开【足球.png】图层的【变换】选项组，在第0秒的位置单击【位置】属性前面的【关键帧控制器】按钮，开启位置动画功能，然后设置该关键帧的【位置】坐标为【200,860】，如图5-18所示，在该时间位置的图像效果如图5-19所示。

图5-18 添加并设置关键帧(一)

图5-19 图像效果

05 将时间指示器移到第1秒的位置，为【位置】属性添加一个关键帧，然后设置【位置】坐标为【1100,300】，如图5-20所示，即可创建足球的位移动画，选中【足球.png】图层，在【合成】面板中可以查看足球的运动路径，如图5-21所示。

图5-20　添加并设置关键帧(二)　　　　　　　　图5-21　显示对象运动路径

5.2.2　创建缩放动画

在【缩放】属性中可以创建图层缩放关键帧动画,设置方法与位置关键帧动画相同。设置关键帧后,在不同的关键帧之间进行移动,可以预览缩放效果,如图5-22和图5-23所示。

图5-22　缩放关键帧动画(一)　　　　　　　　图5-23　缩放关键帧动画(二)

❖ 提示:

按Alt+Shift+S组合键,可以在当前时间位置添加或删除缩放关键帧。

【例5-2】创建缩放动画。

01 打开前面创建的【例5-1】项目,将时间指示器移到第0秒,在【足球.png】图层中单击【缩放】属性前面的【关键帧控制器】按钮，开启缩放动画功能,设置该关键帧的【缩放】值为90,如图5-24所示,在该时间位置的图像效果如图5-25所示。

图5-24　添加并设置关键帧(一)　　　　　　　　图5-25　图像效果(一)

02 将时间指示器移到第1秒的位置，为【缩放】属性添加一个关键帧，然后设置【缩放】值为40，如图5-26所示，即可创建足球的缩放动画，如图5-27所示。

图5-26 添加并设置关键帧(二)

图5-27 图像效果(二)

❖ 提示：

在【缩放】属性中单击【约束比例】按钮，可以解除宽度和高度的关联，然后可以单独调整对象的宽度或高度的缩放比例。

5.2.3 创建旋转动画

在【旋转】属性中可以创建图层旋转关键帧动画，在不同的时间点设置关键帧并修改【旋转】属性值，即可创建旋转关键帧动画，如图5-28所示，当旋转值大于360°时，旋转值将显示为(N)圈+(X)°，前面的数值代表旋转圈数，后面的数值代表旋转度数，如图5-29所示。

图5-28 旋转关键帧动画

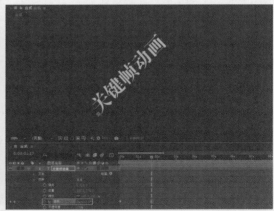

图5-29 旋转值大于360°

❖ 提示：

在设置旋转的过程中，将素材的锚点设置在不同的位置，其旋转的轴心也不同，从而得到的旋转效果也不同。例如，将锚点设置在文字左下角进行旋转时，效果如图5-30所示，将锚点设置在文字中心位置进行旋转时，效果如图5-31所示。

图5-30　旋转效果(一)

图5-31　旋转效果(二)

【例5-3】创建旋转动画。

01 打开前面创建的【例5-2】项目，将时间指示器移到第0秒，在【足球.png】图层中单击【旋转】属性前面的【关键帧控制器】按钮 ⓞ，开启旋转动画功能，保持该关键帧的【旋转】值不变，如图5-32所示，在该时间位置的图像效果如图5-33所示。

图5-32　添加并设置关键帧(一)

图5-33　图像效果(一)

02 将时间指示器移到第1秒的位置，为【旋转】属性添加一个关键帧，然后设置【旋转】值为1圈15°，如图5-34所示，即可创建足球的旋转动画，如图5-35所示。

图5-34　添加并设置关键帧(二)

图5-35　图像效果(二)

❖ 提示：

按Alt+Shift+R组合键，可以在当前时间位置添加或删除旋转关键帧。

5.2.4　创建淡入淡出动画

在【不透明度】属性中可以创建淡入淡出动画。在不同的时间点设置关键帧并修改【不透明度】属性值，即可创建淡入淡出动画，如图5-36和图5-37所示。

❖ 提示：

按Alt+Shift+T组合键，可以在当前时间位置添加或删除不透明度关键帧。

图5-36 不透明度关键帧动画(一)　　　图5-37 不透明度关键帧动画(二)

5.2.5 创建运动路径动画

在After Effects中，一般使用贝塞尔曲线来控制运动路径的轨迹和形状，在【合成】面板中使用【钢笔工具】可以创建和修改动画路径的曲线。

【例5-4】创建运动路径动画。

01 打开前面创建的【例5-3】项目，在工具栏中选择【钢笔工具】，然后在足球的运动路径上单击，如图5-38所示，在对应的时间点将生成新的关键帧，如图5-39所示。

图5-38 在运动路径上单击　　　图5-39 为运动路径添加关键帧

02 使用【选取工具】拖动刚创建的关键帧，可以对运动路径进行调节，如图5-40所示。

03 在【时间轴】面板的时间轴区域中，拖动中间的【位置】关键帧，可以调整该关键帧的时间位置，如图5-41所示。

图5-40 使用【选取工具】调节运动路径　　　图5-41 调整中间的【位置】关键帧

04 选中【位置】属性中的所有关键帧，然后选择【动画】|【关键帧插值】菜单命令，在打开的【关键帧插值】对话框中设置【空间插值】为【连续贝塞尔曲线】，如图5-42所示。

05 在【合成】面板中拖动关键帧的曲线手柄，调整足球的运动路径，如图5-43所示。

图5-42 设置【空间插值】

图5-43 调整运动路径

06 按空格键对影片进行播放，在【合成】面板中可以预览足球的运动效果，如图5-44所示。

图5-44 创建的运动效果

5.3 编辑关键帧

在制作影视动画的过程中，除了需要创建关键帧，通常还需要对关键帧进行修改和删除等编辑操作。

5.3.1 选择关键帧

创建好关键帧后，可以对单个关键帧或多个关键帧进行选择，其方法如下。

- 在【时间轴】面板中单击需要选择的关键帧即可将其选中。
- 如果需要同时选中多个关键帧，可以按住Shift键，逐次选择多个关键帧。
- 按住并拖动鼠标画出一个选择框，将需要选择的关键帧包含其中，如图5-45所示，松开鼠标即可将包含的关键帧选中，如图5-46所示。

图5-45 框住要选择的关键帧

图5-46 选中多个关键帧

5.3.2 复制关键帧

选中需要复制的关键帧，然后选择【编辑】|【复制】菜单命令，如图5-47所示，再将时间指示器移至需要粘贴关键帧的时间位置，最后选择【编辑】|【粘贴】菜单命令，即可将复制的关键帧粘贴至指定位置，如图5-48所示。

图5-47 选择【复制】命令

图5-48 复制关键帧

❖ 提示:

选中需要复制的关键帧，然后按Ctrl+C组合键进行复制，将时间指示器移至需要粘贴的位置后，再按Ctrl+V组合键进行粘贴，也可以进行关键帧的复制和粘贴操作。

5.3.3 修改关键帧

在After Effects中进行动画编辑的操作中，可以对关键帧进行以下两种修改操作。

○ 将时间指示器移至需要修改的关键帧位置，然后修改对应的参数，即可对关键帧参数进行修改。

○ 选择关键帧，然后在【时间轴】面板中对其进行拖动，可以修改关帧键的时间位置，如图5-49和图5-50所示。

图5-49 选择关键帧

图5-50 移动关键帧

❖ 提示:

如果时间指示器所在时间位置无关键帧，修改属性参数时将会创建新的关键帧。

5.3.4 设置关键帧插值

通过设置关键帧插值，可以使物体的运动变得更加平滑、真实。在【时间轴】面板中右击关键帧，在弹出的快捷菜单中选择【关键帧插值】命令，如图5-51所示，将打开【关键帧插值】对话框，如图5-52所示。

图5-51 选择【关键帧插值】命令

图5-52 【关键帧插值】对话框

在【临时插值】下拉列表中可以选择调整关键帧的临时插值,其中包括【线性】【贝塞尔曲线】【连续贝塞尔曲线】【自动贝塞尔曲线】和【定格】选项,如图5-53所示;在【空间插值】下拉列表中可以选择调整关键帧的空间插值,其中包括【线性】【贝塞尔曲线】【连续贝塞尔曲线】和【自动贝塞尔曲线】选项,如图5-54所示。

图5-53 选择临时插值

图5-54 选择空间插值

❖ 提示:

临时插值和空间插值的区别在于:临时插值体现在时间轴中,只影响属性随着时间的变化方式;空间插值在合成和图层面板中都有体现,影响着路径的形状。

5.3.5 设置父子关系动画

父子关系是动画中的一个基础概念,同时也是常用的功能,父子关系就是子物体能够跟随父物体一起运动。图5-55和图5-56所示便是子物体(文字对象)随着父物体(圆对象)进行运动的效果。

图5-55 子物体随着父物体运动效果(一)

图5-56 子物体随着父物体运动效果(二)

右击属性栏的某个标题，在弹出的快捷菜单中选择【列数】|【父级和链接】命令，如图5-57所示，然后可以在图层的【父级和链接】下拉列表中选择要作为父级对象的图层，当前图层将作为子对象图层，如图5-58所示。

图5-57 选择【父级和链接】命令

图5-58 选择父级对象图层

5.3.6 添加关键帧

如果要添加关键帧，可以使用如下两种方法进行添加。

- 将时间指示器移到添加关键帧的时间位置，然后单击【添加或移除关键帧】按钮◇即可添加关键帧。
- 将时间指示器移到添加关键帧的时间位置，然后修改对应属性的参数，即可自动添加一个关键帧。

5.3.7 删除关键帧

如果要删除关键帧，可以使用如下3种方法进行删除。

- 将时间指示器移到关键帧所在的时间位置，然后单击【添加或移除关键帧】按钮◇即可将其删除。
- 选中关键帧，按Backspace键即可将其删除。
- 选中关键帧，按Delete键即可将其删除。

❖ 提示：

如果要删除某个属性中的所有关键帧，可以单击属性名称前面的【关键帧控制器】按钮将该属性中的所有关键帧删除。

5.4 图表编辑器

使用图表编辑器调整关键帧的动画曲线，可使物体的运动变得更加平滑、真实。单击【时间轴】面板中的【图表编辑器】按钮，进入动画曲线编辑模式，从而可以控制动画的节奏，如图5-59所示。

图5-59　使用图表编辑器调整动画

❖ 提示:

在激活图表编辑器之前，需要选中某个已设定关键帧的属性，否则图表编辑器无法显示关键帧的曲线数据。

5.4.1　图表属性的显示控制

在图表编辑器的工具栏中单击【选择具体显示在图表编辑器中的属性】按钮 ，在弹出的菜单中可以选择在图表编辑器中要显示的内容，如图5-60所示。

5.4.2　选择图表类型和选项

在图表编辑器的工具栏中单击【选择图表类型和选项】按钮 ，可以在弹出的菜单中选择图表类型和选项。当图层中设置了多个关键帧时，这有助于用户有选择地显示曲线，从而过滤掉当前不需要显示的曲线，如图5-61所示。

图5-60　指定显示的内容

图5-61　选择图表类型和选项

5.4.3　图表编辑器的视图控制

单击图表编辑器工具栏中的视图控制图标，可以对视图进行控制。

- 【自动缩放图表高度】按钮 ：用于启用或关闭自动缩放图表高度，以适应【图表编辑器】面板视图的功能。
- 【使选择适于查看】按钮 ：使所选择的关键帧适应【图表编辑器】视图的大小。
- 【使所有图表适于查看】按钮 ：使所有的曲线适应【图表编辑器】视图的大小。
- 【单独尺寸】按钮 ：用于显示X轴和Y轴的位置选项和曲线。

5.4.4　编辑选定的关键帧

单击图表编辑器工具栏中的【编辑选定的关键帧】按钮，可以在弹出的快捷菜单中选择关键帧的编辑命令，如图5-62所示。在快捷菜单中选择第一个选项(也就是数据选项)，可以打开当前关键帧对应的属性对话框(如【位置】对话框)，在其中可以修改相应参数的值，如图5-63所示。

图5-62　选择关键帧的编辑命令

图5-63　【位置】对话框

❖ 提示：

如果当前关键帧对应的是【缩放】【旋转】或【不透明度】属性，那么选择第一个数据选项时，将打开【缩放】【旋转】或【不透明度】对话框。

- 【编辑值】：与选择数据选项一样，可在打开的属性对话框中对参数进行修改。
- 【转到关键帧时间】：用于将时间指示器移至所选关键帧当前的时间点。
- 【选择相同关键帧】：用于选择相同的关键帧。
- 【选择前面的关键帧】：用于选择当前关键帧之前的所有关键帧。
- 【选择跟随关键帧】：用于选择当前关键帧之后的所有关键帧。
- 【切换定格关键帧】：使已选关键帧持续到下一个关键帧时才发生变化。
- 【关键帧插值】：选择该命令后，将打开【关键帧插值】对话框。
- 【漂浮穿梭时间】：用于对图层的空间属性设置交叉时间。
- 【关键帧速度】：选择该命令后，将打开【关键帧速度】对话框，从中可以修改关键帧的进来及输出速度，如图5-64所示。
- 【关键帧辅助】：选择该命令后，可以在弹出的子菜单中对关键帧的一些辅助属性进行设置和修改，如图5-65所示。

图5-64　【关键帧速度】对话框

图5-65　【关键帧辅助】子菜单

5.4.5 调整关键帧状态

除前面介绍的工具按钮外，图表编辑器中还包括用于调整关键帧状态的工具按钮。

○ 【将选定的关键帧转换为定格】按钮：将选定的关键帧转换为定格状态，如图5-66所示。

图5-66 将关键帧曲线变为定格状态

○ 【将选定的关键帧转换为线性】按钮：将选定的关键帧曲线变为直线，如图5-67所示。

图5-67 将关键帧曲线变为直线

○ 【将选定的关键帧转换为自动贝塞尔曲线】按钮：将已选关键帧的曲线转换为自动贝塞尔曲线，如图5-68所示。

图5-68 将关键帧曲线转换为自动贝塞尔曲线

○ 【缓动】按钮：使所选关键帧前后的运动曲线变得平滑。
○ 【缓入】按钮：使所选关键帧之前的运动曲线变得平滑。
○ 【缓出】按钮：使所选关键帧之后的运动曲线变得平滑。

5.5 上机练习

通过本章的学习，读者需要掌握关键帧动画的制作方法。下面将通过创建飘动的羽毛和海洋生物案例，巩固练习本章所学的知识。

5.5.1 飘动的羽毛

案例名称：	飘动的羽毛
文件路径：	第5章\飘动的羽毛
技术掌握：	关键帧的创建与设置、动画运动路径的调整

本案例将通过制作飘动的羽毛效果，练习关键帧的创建与设置，以及动画运动路径的调整。本例的最终效果如图5-69所示。

图5-69 案例效果

01 新建一个项目，导入【背景.mp4】和【羽毛.tif】素材，如图5-70所示。

02 选择【合成】|【新建合成】菜单命令，在打开的【合成设置】对话框中设置合成的宽度、高度和持续时间，然后进行确定，如图5-71所示。

图5-70 导入素材

图5-71 新建合成

03 将导入的素材依次添加到【时间轴】面板的图层列表中，将【羽毛】图层调到上方，如图5-72所示，在【合成】面板的合成效果如图5-73所示。

图5-72　添加对象图层

图5-73　合成效果

04　选择【羽毛】图层，展开【变换】选项组，在第0秒的位置单击【位置】和【旋转】属性前面的【关键帧控制器】按钮，开启位置和旋转动画功能，在该时间位置将自动添加一个关键帧，然后设置位置参数如图5-74所示，调整图像位置后的效果如图5-75所示。

图5-74　开启位置和旋转动画功能

图5-75　图像效果

05　将时间指示器移到第6秒29帧的位置，单击【位置】和【旋转】属性前面的【添加或移除关键帧】按钮，然后设置【位置】和【旋转】参数，如图5-76所示，对图像进行调整后的效果如图5-77所示。

图5-76　添加并设置关键帧

图5-77　调整图像效果

06　按空格键对影片进行播放，在【合成】面板中可以预览羽毛飘动的效果，如图5-78所示。

图5-78　羽毛飘动效果

07 在【工具】面板中单击【钢笔工具】下拉按钮，在弹出的下拉面板中选择【添加"顶点"工具】 ，如图5-79所示，然后在【合成】面板中的运动路径上单击，可以增加一个顶点，如图5-80所示，在顶点对应的时间点的位置将自动生成新的关键帧，如图5-81所示。

| 图5-79 选择工具 | 图5-80 为路径添加顶点 | 图5-81 自动添加关键帧 |

❖ **提示：**

如果在【合成】面板中没有显示运动路径，可以在图层列表中选择【位置】选项，即可在【合成】面板中显示对象的运动路径。

08 在【工具】面板中选择【选取工具】，然后拖动路径的顶点，可以对顶点的位置进行调整，如图5-82所示，拖动顶点的手柄，可以对当前路径的形状进行调整，如图5-83所示。

| 图5-82 调整顶点的位置 | 图5-83 调整顶点的手柄 |

09 按空格键对影片进行播放，在【合成】面板中可以预览调整羽毛路径后的运动效果，如图5-84所示。

图5-84 羽毛运动效果

5.5.2 海洋生物

案例名称：	海洋生物
文件路径：	第5章\海洋生物
技术掌握：	添加与编辑关键帧、复制关键帧

本案例将通过制作海洋生物的运动效果，练习关键帧的添加与编辑，以及关键帧的复制操作。本例的最终效果如图5-85所示。

图5-85　案例效果

[01] 新建一个项目，在【项目】面板中导入素材，如图5-86所示。

[02] 新建一个【气泡】合成，在【合成设置】对话框中选择所需的合成预设，然后设置持续时间为15秒，如图5-87所示。

图5-86　导入素材

图5-87　新建【气泡】合成

[03] 将【气泡.png】素材添加到【时间轴】面板的图层列表中，展开【变换】选项组，设置【缩放】值为25，然后在第2秒的位置为【位置】属性添加一个关键帧，设置该关键帧的【位置】坐标为"640,750"，如图5-88所示。

[04] 在第3秒10帧的位置为【位置】属性添加一个关键帧，设置该关键帧的【位置】坐标为"640,-80"，如图5-89所示。

图5-88　添加并设置关键帧(一)

图5-89　添加并设置关键帧(二)

[05] 选中创建的两个关键帧，然后选择【动画】|【关键帧插值】菜单命令，在打开的

【关键帧插值】对话框中设置【空间插值】选项为【连续贝塞尔曲线】，如图5-90所示。

[06] 使用【选取工具】 ◤ 在【合成】面板中拖动关键帧曲线手柄，调整贝塞尔曲线形状，如图5-91所示。

图5-90　选择【连续贝塞尔曲线】选项

图5-91　调整贝塞尔曲线形状

[07] 选中【气泡】图层，按Ctrl+D组合键对图层进行复制，然后将复制图层的入点调整到第0秒5帧的位置，如图5-92所示。

图5-92　复制图层

[08] 展开复制图层的【变换】选项组，设置【缩放】值为20，如图5-93所示。在【合成】面板中对气泡图像进行预览，效果如图5-94所示。

图5-93　设置【缩放】值

图5-94　气泡预览效果(一)

[09] 使用同样的方法继续复制4个【气泡】图层，并适当调整各个图层的入点和【缩放】值，在【合成】面板中对气泡图像进行预览，效果如图5-95所示。

[10] 新建一个【海洋生物】合成，在【合成设置】对话框中选择所需的合成预设，然后设置持续时间为15秒，如图5-96所示。

图5-95　气泡预览效果(二)　　　　　　　　　　　图5-96　新建【海洋生物】合成

⑪ 将【海洋背景.mp4】【水母.png】和创建的【气泡】合成添加到当前合成的图层列表中，如图5-97所示。

⑫ 使用Ctrl+D组合键将【气泡】合成图层复制3次，效果如图5-98所示。

图5-97　添加图层　　　　　　　　　　　　　　图5-98　复制3次【气泡】合成图层

⑬ 适当调整各个【气泡】合成图层的入点、位置和缩放值，如图5-99所示，在【合成】面板中对气泡图像进行预览，效果如图5-100所示。

图5-99　调整合成图层的参数　　　　　　　　　图5-100　预览气泡图像效果

⑭ 展开【水母】图层的【变换】选项组，为【位置】属性设置7个关键帧，如图5-101所示。适当调整各个位置的关键帧坐标，设置关键帧的空间插值为【连续贝塞尔曲线】，使其运动路径如图5-102所示。

图5-101 创建【位置】关键帧

图5-102 运动路径效果

15 参照运动路径效果，在第2个【位置】关键帧附近创建3个【缩放】关键帧，设置第2个关键帧的【缩放】值为"100,60"，如图5-103所示，设置前后两个关键帧的【缩放】值为"100,100"，如图5-104所示。

图5-103 设置【缩放】关键帧(一)

图5-104 设置【缩放】关键帧(二)

16 选择创建的3个【缩放】关键帧，然后对其进行两次复制，如图5-105所示。

17 创建4个【旋转】关键帧，对各个关键帧的旋转值进行适当调整，如图5-106所示，使水母在运动中产生左右摇摆的效果。

图5-105 复制【缩放】关键帧

图5-106 创建【旋转】关键帧

18 按空格键，可以在【合成】面板中对最终的视频进行预览，效果如图5-107所示。

图5-107 预览最终效果

5.6 习题

1. 在After Effects中，如何添加或删除关键帧？

2. After Effects的动画基本类型有哪些？

3. 如何复制需要的关键帧及属性。

4. 制作一段关键帧动画，其中包含位移、缩放、旋转和不透明度变换。

5. 创建一段关键帧动画，并使用【图表编辑器】调整其动画曲线。

第6章

文本的创建与动画制作

文本的创建与动画制作在影视后期制作中有着不可替代的重要性，在各种视频剪辑和转场中，文本动画都有着不可或缺的作用，用户可以通过After Effects中的文本属性制作出丰富的文本动画效果。本章将详细介绍After Effects中的文本与文本属性，运用这些属性组合可以制作出各种丰富的动画效果。

本章重点

- ○ 文本的创建与设置
- ○ 文本图层属性
- ○ 文本动画控制器

6.1 文本的创建与设置

文本是影视后期制作中常见的对象。在创建好文本后，用户还可以根据实际需要设置文本的格式，包括文本字符格式和文本段落格式。

6.1.1 创建文本

After Effects的文本创建也是基于单独的文本图层的。在After Effects中可以使用文本命令和文本工具两种常用方式创建文本。

1. 通过命令创建文本

选择【图层】|【新建】|【文本】命令，或在【时间轴】面板的空白处右击，在弹出的快捷菜单中选择【新建】|【文本】命令，如图6-1所示，将在图层列表中创建新的文本图层，此时可以直接输入文字内容，如图6-2所示。

图6-1　选择【文本】命令

图6-2　创建文本

❖ 提示：

在创建文本前，首先需要存在一个合成，可以在新建的合成中创建文本图层，也可以在已经打开的合成中创建文本图层。

2. 通过工具创建文本

文本工具分为【横排文字工具】和【直排文字工具】两种。在【工具】面板中单击并按住一种文字工具按钮，可以在弹出的列表中选择【横排文字工具】或【直排文字工具】，如图6-3所示。

选择一种文本工具后，在【合成】面板中单击并输入所需文本内容，即可创建文本对象，如图6-4所示。

❖ 提示：

在【工具】面板中选择一种文字工具，然后在【合成】面板中单击并按住鼠标，拖动光标绘制一个矩形文本框，如图6-5所示，然后可以在指定的文本框中输入文本内容，图6-6所示是使用直排文字工具创建的多行文字效果。

图6-3 选择文本工具

图6-4 创建文本

图6-5 创建文本框

图6-6 在文本框中输入文本

6.1.2 设置文本字符格式

创建文本对象后，可以在【字符】面板中调整文字的字符格式，包括文字大小、字体、颜色等基本参数，如图6-7所示。

❖ 提示：

如果在工作窗口中没有显示【字符】面板，可以选择【窗口】|【字符】菜单命令打开该面板。

1. 设置文字字体

【字符】面板的第一部分左方内容用于设置文字的字体和字体样式，如图6-8所示。

图6-7 【字符】面板

图6-8 设置文字字体和样式

○ 设置字体系列 Fixedsys：在该下拉列表中可以选择想要的字体，如图6-9所示。
○ 设置字体样式 ：在此项中可以设置一些英文字体的样式，如图6-10所示。

图6-9　选择文字字体

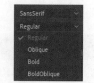

图6-10　选择文字样式

2. 设置文字颜色

【字符】面板的第一部分右方内容用于设置文字的颜色，如图6-11所示。

○ 吸管：使用此工具，可以在After Effects界面中的任意位置吸取颜色，使它成为所选文字的填充颜色或描边颜色。
○ 填充颜色：单击此项，可以在打开的【文本颜色】对话框中设置文字的填充颜色，如图6-12所示。

图6-11　设置文字颜色

图6-12　设置文字填充颜色

○ 设置为黑色/设置为白色：单击上方的黑色图块，可以设置文字的填充颜色为黑色；单击下方的白色图块，可以设置文字的填充颜色为白色。
○ 描边颜色：单击此项，可以设置文字的描边颜色。
○ 没有填充(描边)颜色：当激活填充颜色时，单击此项可以取消文字的填充颜色；当激活描边颜色时，单击此项可以取消文字的描边颜色。

3. 设置文字大小和间距

图6-13　设置文字大小和间距

【字符】面板的第二部分内容主要用于设置文字的大小和间距等属性，如图6-13所示。

○ 设置字体大小 72 像素：可以拖动数字调节字体大小，也可直接输入数字调节字体大小，还可以单击右侧的下拉按钮，在弹出的下拉列表中选择字号来调节字体大小。

○ 设置两个字符的字符间距 ：根据相邻字符的形状调整字符之间的距离，适合用于罗马字形中。

○ 设置行距 ：此项可以设置两行字符之间的距离。

○ 设置所选字符的字符间距 ：此项可以设置所选字符之间的距离。

4. 设置文字的描边样式

【字符】面板的第三部分内容主要用于设置文字的描边样式，在【像素】左侧的数字框中可以设置描边的宽度，在右侧列表中可以选择描边的方式，如图6-14所示，描边效果如图6-15所示。

图6-14　设置描边样式

图6-15　描边效果

5. 设置文字的缩放和移动

【字符】面板的第四部分内容主要用于设置缩放和移动效果，如图6-16所示。

○ 垂直缩放 ：在垂直方向上缩放文字大小。

○ 设置基线偏移 ：设置文字的基线偏移。

○ 水平缩放 ：在水平方向上缩放文字大小。

○ 设置所选字符的比例间距 ：调节所选文字的比例间距。

6. 设置文字的字形

【字符】面板的第五部分内容主要用于设置字形，如图6-17所示。

图6-16　设置缩放和移动

图6-17　设置字形

○ 仿粗体 ：将文字设置为仿粗体。

○ 仿斜体 ：将文字设置为仿斜体。

○ 全部大写字母 ：将所选字母全部设置为大写。

○ 小型大写字母 ：将所选字母设置为小型大写字母。

○ 上标 ：将文字设置为上标。

○ 下标 ：将文字设置为下标。

【例6-1】创建与设置文本。

01 新建一个项目，在【项目】面板中导入背景素材，如图6-18所示。

02 新建一个合成，在【合成设置】对话框中设置持续时间为5秒，如图6-19所示。

图6-18　导入素材

图6-19　新建一个合成

03 将【项目】面板中的背景素材添加到【时间轴】面板的图层列表中，在【合成】面板中对素材进行预览，效果如图6-20所示。

04 在【工具】面板中单击【横排文字工具】按钮，然后在【合成】面板中单击并输入文本内容，创建一个文本图层，效果如图6-21所示。

图6-20　在图层列表中添加素材

图6-21　创建文本图层

05 选中创建的文本，打开【字符】面板，设置文本的字体为【方正小标宋简体】、字体大小为80像素、字符间距为100、字形为【仿粗体】和【仿斜体】，如图6-22所示，修改后的文本效果如图6-23所示。

图6-22　设置文本字符格式

图6-23　文本效果

06 单击【描边颜色】颜色图标，打开【文本颜色】对话框，设置描边颜色为橘黄色，如图6-24所示，描边后的文本效果如图6-25所示。

图6-24 设置文本描边颜色　　　　　　　　图6-25 文本描边颜色效果

6.1.3 设置文本段落格式

在After Effects中，不仅可以调整文字的字符格式，也可以通过【段落】面板调整文字的段落格式，对一段文字的缩进、对齐方式和间距进行修改，如图6-26所示。

图6-26 【段落】面板

○ 左对齐文本■：将所选段落设置为左对齐。

○ 中对齐文本■：将所选段落设置为居中对齐。

○ 右对齐文本■：将所选段落设置为右对齐。

○ 最后一行左对齐■：选择该项，所选段落的文字除最后一行外均为两端对齐，水平文字最后一行为左对齐。

○ 最后一行居中对齐■：选择该项，所选段落的文字除最后一行外均为两端对齐，水平文字最后一行为居中对齐。

○ 最后一行右对齐■：选择该项，所选段落的文字除最后一行外均为两端对齐，水平文字最后一行为右对齐。

○ 两端对齐■：将所选段落的所有文字设置为两端对齐。

○ 缩进左边距■：此项可以调整水平文字的左侧缩进量，可手动输入数字(缩进n像素)，也可使用鼠标在数值处通过单击且左右拖动来更改缩进量。

○ 缩进右边距■：此项可以调整水平文字的右侧缩进量。

○ 段落前添加空格■：此项可以在文字段落前添加空格。

○ 段落后添加空格■：此项可以在文字段落后添加空格。

○ 首行缩进■：此项可以调整段落的首行缩进量。

○ 从左到右的文本方向■：采用从左到右的文本方向。

○ 从右到左的文本方向■：采用从右到左的文本方向。

6.2 文本图层属性

文本图层列表中包含了【文本】基本属性和【变换】属性。【文本】基本属性主要包括【源文本】和【路径选项】属性，【变换】属性与普通图层中的相应功能相同，这里就不再重复讲解了。

6.2.1 源文本属性

通过【源文本】属性可以设置文字在不同时间段的显示效果，制作与文本字体、大小、颜色等属性相关的动画。

【例6-2】制作源文本动画。

01 新建一个项目与合成，然后新建一个文本图层，输入文字内容，设置文字的字体为Cooper Black、字体大小为100像素，填充颜色为桔黄色、描边宽度为3像素、描边颜色为红色、字形为仿粗体，如图6-27所示，文字效果如图6-28所示。

图6-27　设置文字属性　　　　　　　　　图6-28　文字效果

02 选择【图层】|【图层样式】|【外发光】菜单命令，设置外发光的颜色为红色，适当调整外发光的扩展和大小，如图6-29所示，外发光效果如图6-30所示。

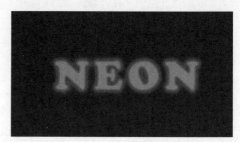

图6-29　设置外发光样式　　　　　　　　　图6-30　外发光效果

03 在图层列表中展开文本图层的【文本】属性，将时间指示器移至第0秒的位置，单击【源文本】属性前的【关键帧控制器】按钮，设置一个关键帧，如图6-31所示。

04 将时间指示器移至第1秒的位置，在【字符】面板中将填充颜色修改为淡红色，文字效果如图6-32所示。

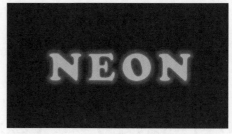

图6-31　设置源文本关键帧　　　　　　　　　图6-32　更改文字填充颜色后的效果

05 在【时间轴】面板中可以看到在第0秒与第1秒时分别有一个关键帧，如图6-33所示，选择并复制这两个关键帧，然后分别在第2秒和第4秒的时间位置对复制的关键帧进行粘贴，如图6-34所示。

| 图6-33 【时间轴】面板中的关键帧 | 图6-34 复制并粘贴关键帧 |

06 按空格键对创建的源文本动画进行播放，在【合成】面板中可以预览动画效果，如图6-35所示。

图6-35 预览源文本动画效果

6.2.2 路径属性

很多视频中都会出现文字沿着特定的路径或轨道运动和变化的效果，这种效果就是通过设置文字的路径属性实现的。

在文本图层中展开【路径选项】选项组，可以看到当前路径为【无】，如图6-36所示。使用形状工具在文本图层中创建路径时，创建的路径将以【蒙版】命名，在【路径】属性下拉列表中可以选择路径蒙版，在【路径选项】下将弹出一系列选项，用于控制和调整文字的路径，如图6-37所示。

| 图6-36 文本路径选项 | 图6-37 路径选项 |

各种路径控制选项的作用如下。

- 反转路径：选择此项后，原本沿着椭圆蒙版路径内圈的文本变为沿着椭圆蒙版路径外圈排列，如图6-38所示。

图6-38　反转路径

- 垂直于路径：选择此项后，所选文本每个字符都将以竖直的形式排列在蒙版路径上，如图6-39所示。

图6-39　垂直于路径

- 强制对齐：选择此项后，所有文本将被强制对齐，均匀分布排列于蒙版路径上，如图6-40所示。

图6-40　强制对齐

- 首字边距：选择此项可以调整首字所在的位置，如图6-41所示。

图6-41　首字边距

- 末字边距：选择此项可以调整尾字所在的位置，如图6-42所示。

图6-42　末字边距

❖ 提示：

此处的文本路径动画不同于源文本动画的显示方式，在两个关键帧之间的时间段内，可以看到渐变的路径动画效果。

【例6-3】制作路径文字动画。

01 新建一个项目，在【项目】面板中导入素材，如图6-43所示。

02 新建一个合成，将素材添加到【时间轴】面板的图层列表中，在【合成】面板中可以预览图像效果，如图6-44所示。

图6-43 导入素材

图6-44 图像效果

03 选择【图层】|【新建】|【文本】菜单命令，新建一个文本图层，然后输入文字，效果如图6-45所示。

04 在图层列表中选择文字图层，然后使用【钢笔工具】在【合成】面板中绘制一条路径，效果如图6-46所示。

图6-45 创建文字图层

图6-46 绘制路径

05 在文本图层列表中的【路径】选项下拉列表中选择【蒙版1】选项，然后在第0秒的时间位置单击【首字边距】选项前面的【关键帧控制器】按钮，在此设置一个关键帧，保持【首字边距】选项的值为0，如图6-47所示，此时的文字效果如图6-48所示。

图6-47 设置关键帧

图6-48 文字效果(一)

06 将时间指示器移到第5秒，设置【首字边距】选项的值为1800，在此添加一个关键帧，如图6-49所示，此时的图像效果如图6-50所示。

图6-49　添加关键帧

图6-50　文字效果(二)

07 按空格键对创建的文本动画进行播放，在【合成】面板中可以预览动画效果，如图6-51所示。

图6-51　预览文本游动效果

6.2.3　其他属性

展开文本图层中的【更多选项】选项组，有一系列效果可供用户选择，如图6-52所示。

- 锚点分组：此项中有4种不同的文本锚点的分组方式，分别为【字符】【词】【行】【全部】，如图6-53所示。
- 分组对齐：改变【分组对齐】属性中的数值，可以调整文本沿路径排列的分散度和随机度。
- 填充和描边：选择此项可以改变文字填充和描边的模式。
- 字符间混合：选择此项可以改变字符间的混合模式，类似于图层混合效果。

图6-52　其他选项

图6-53　锚点的分组方式

6.3 文本动画控制器

新建文字时,将在文本图层生成一个动画控制器,用户可以通过控制各种选项参数,制作各种运动效果,如滚动字幕、旋转字幕、缩放字幕等效果。

6.3.1 启用动画控制器

在After Effects中启用动画控制器有如下两种常用方法。

○ 选择【动画】|【动画文本】菜单命令,在弹出的子菜单中选择其中一种属性。

○ 在【时间轴】面板中单击【文本】图层右侧的【动画】按钮 动画: ,在弹出的菜单中选择其中一种动画效果,如图6-54所示。

执行上述操作后,在【时间轴】面板中将出现【动画制作工具】及属性。例如,选择【位置】动画制作工具,图层列表中将添加【位置】动画制作工具及属性,如图6-55所示。

图6-54 文本动画菜单

图6-55 动画制作工具及属性

❖ 提示:

在After Effects中可以建立一个或多个文本动画属性,相应地在【时间轴】面板上也会建立一个或多个【动画制作工具】和【范围选择器】,不同的动画属性叠加后可以得到丰富的动画效果。

6.3.2 控制器类型

在After Effects中可以将控制器分为变换类控制器、颜色类控制器和文本类控制器3种主要控制器。

1. 变换类控制器

变换类控制器可以控制文本动画的变形,包括锚点、位置、缩放、倾斜、旋转和不透明度等,与文本图层的基本属性相似。在【动画】选项列表中选择【全部变换属性】选项,如图6-56所示,可以启用全部的变换类控制器,如图6-57所示。

图6-56　选择【全部变换属性】选项

图6-57　变换类控制器

变换类控制器各选项含义如下。

- 锚点：制作文字中心定位点变换的动画。
- 位置：调整文本的位置。
- 缩放：对文字进行放大或缩小等设置。
- 倾斜：设置文本倾斜程度。会添加【倾斜】和【倾斜轴】两个属性。
- 倾斜轴：指定文本沿其倾斜的轴，常用于制作文字晃动效果。
- 旋转：设置文本旋转角度。
- 不透明度：设置文本不透明度。

2. 颜色类控制器

颜色类控制器主要用于控制文本动画的颜色，包括填充颜色、描边颜色和描边宽度等，如图6-58所示，各选项含义如下。

- 填充颜色：可以在子选项中选择设置文字填充颜色的方式，包括RGB、色相、饱和度、亮度和不透明度等，如图6-59所示。
- 描边颜色：设置文字描边颜色的RGB值、色相、饱和度、亮度和不透明度等。
- 描边宽度：设置文字描边宽度的大小。

图6-58　颜色类控制器

图6-59　选择填充颜色的方式

3. 文本类控制器

文本类控制器主要用于控制文本字符的行间距和空间位置，可以从整体上控制文本的动画效果，包括字符间距、行锚点、行距、字符位移、字符值等，各选项含义如下。

- 字符间距：设置文字之间的距离。

- 行锚点：设置文本的对齐方式。
- 行距：设置段落文字行与行之间的距离。
- 字符位移：按照统一的字符编码标准对文字进行位移。
- 字符值：按照统一的字符编码标准，统一替换设置的字符值所代表的字符。

6.3.3 范围选择器

添加一个动画控制器后，在【动画】属性组将自动添加一个【范围选择器】选项，通过该选项可以制作各种各样的运动效果，如图6-60所示。

范围控制器各选项含义如下。

- 起始：用于设置范围选择器有效范围的起始点。
- 结束：用于设置范围选择器有效范围的结束点。
- 偏移：用于调节【起始】与【结束】属性范围的偏移值，它可以创建一个随时间变化而变化的选择区域，即文本起始点与范围选择器间的距离。当【偏移】值为0时，【起始】与【结束】属性将不具有任何作用，仅保持在用户设置的位置；当【偏移】值为100%时，【起始】与【结束】属性的位置将移至文本末端；当【偏移】值为0~100%的数值时，【起始】与【结束】属性的位置将做出相应调整。
- 高级：展开该选项，可以设置更多的属性，如数量、平滑度、随机排序等，如图6-61所示。

图6-60 【范围选择器】选项

图6-61 展开【高级】选项

> ❖ **提示：**
>
> 单击【动画制作工具】属性右侧的【添加】按钮 添加: ●，选择【选择器】|【范围】命令，可以添加新的【范围选择器】。

6.3.4 摆动选择器

摆动选择器可以控制文本的抖动，配合关键帧动画可制作更加复杂的动画效果。单击【添加】按钮，选择【选择器】|【摆动】命令(如图6-62所示)，即可显示【摆动选择器1】属性组，如图6-63所示。

摆动选择器各选项含义如下。

- 模式：设置波动效果与原文本之间的交互模式，包括相加、相减、相交、最小值、最大值、插值6种模式。

图6-62　选择【选择器】|【摆动】命令

图6-63　【摆动选择器】选项

- 最大量/最小量：设置随机范围的最大值和最小值。
- 摇摆/秒：设置每秒随机变化的频率，该数值越大，变化频率就越大。
- 关联：设置文本字符之间相互关联变化的程度，该数值越大，字符关联的程度就越大。
- 时间相位：设置文本动画在时间范围内随机量的变化。
- 空间相位：设置文本动画在空间范围内随机量的变化。
- 锁定维度：设置随机相对范围的锁定。
- 随机植入：设置该属性的值，不会使内容的随机性提高或降低，只会以不同的方式使内容随机植入。

6.4　上机练习

通过本章的学习，读者需要掌握文本的创建与动画制作方法。下面将通过创建传媒广告文字动画和宅急送广告文字动画案例，巩固练习本章所学的知识。

6.4.1　传媒广告文字动画

案例名称：	传媒广告文字动画
文件路径：	第6章\传媒广告文字动画
技术掌握：	文本的创建与不透明度动画的制作

本案例将通过创建传媒广告文字动画，练习文本的创建与不透明度动画的制作。本案例的最终效果如图6-64所示。

盛世传媒	盛世传媒 40	盛世传媒 400-	盛世传媒 400-SS
盛世传媒 400-SS88	盛世传媒 400-SS88-S	盛世传媒 400-SS88-S0	盛世传媒 400-SS88-S00

图6-64　案例效果

01 新建一个项目与一个合成，然后导入传媒Logo素材，如图6-65所示。

02 创建一个淡灰色的纯色背景图层，然后将Logo素材添加到纯色背景图层的上方，如图6-66所示，图像效果如图6-67所示。

图6-65 导入素材

图6-66 创建图层

图6-67 图像效果

03 使用【横排文字工具】T创建一个文本图层，如图6-68所示，在【字符】面板中设置文字的字体为【方正大标宋】、填充颜色为深蓝色，如图6-69所示。

图6-68 创建文本图层

图6-69 设置文本属性

04 创建热线电话号码文本，设置文本颜色为红色，适当调整文字的大小，效果如图6-70所示。

05 在【时间轴】面板中展开电话号码文本图层，单击【文本】选项右侧的【动画】按钮，在弹出的菜单中选择【不透明度】命令，如图6-71所示。

图6-70 创建电话号码文本

图6-71 选择【不透明度】命令

06 在【动画制作工具1】选项组中设置【不透明度】的动画参数为0，如图6-72所示。此时的电话号码将完全透明，如图6-73所示。

图6-72 设置【不透明度】为0

图6-73 电话号码完全透明

[07] 展开【范围选择器1】选项组，开启【偏移】动画，在第0秒时设置【偏移】值为0，如图6-74所示。

[08] 将时间指示器设置在第2秒，然后设置【偏移】值为100%，如图6-75所示，此时的电话号码将完全显示出来。

图6-74　设置【偏移】值为0

图6-75　设置【偏移】值为100%

[09] 按空格键对本例文本的不透明度偏移动画进行播放，在【合成】面板中可以预览不透明度偏移动画的效果，如图6-76所示。

🎬 盛世传媒	🎬 盛世传媒	🎬 盛世传媒	🎬 盛世传媒
	40	400-	400-SS
🎬 盛世传媒	🎬 盛世传媒	🎬 盛世传媒	🎬 盛世传媒
400-SS88	400-SS88-S	400-SS88-S0	400-SS88-S00

图6-76　文字不透明度动画效果

6.4.2　宅急送广告文字动画

案例名称：	宅急送广告文字动画
文件路径：	第6章\宅急送广告文字动画
技术掌握：	文本动画制作工具和范围选择器的应用

本案例将通过创建宅急送广告文字动画，练习文本动画制作工具和范围选择器的应用。本例的最终效果如图6-77所示。

[01] 打开【例6-1】创建的项目，然后对其进行另存，重命名为【宅急送广告文字动画】。

[02] 在【时间轴】面板中展开文本图层，单击【文本】选项右侧的【动画】按钮 动画:●，在弹出的菜单中选择【缩放】命令，如图6-78所示。

[03] 在【动画制作工具1】选项组中设置【缩放】的动画参数为150%，如图6-79所示。

图6-77　案例效果

图6-78　选择【缩放】命令

图6-79　设置【缩放】值为150%

04 展开【范围选择器1】选项组，设置【结束】值为20%，如图6-80所示，此时只有20%的对象产生了缩放效果，如图6-81所示。

图6-80　设置【结束】参数

图6-81　局部对象产生缩放效果

05 单击【偏移】选项前面的【关键帧控制器】按钮，开启【偏移】动画功能，在第0秒的位置，适当调整【偏移】值，使文本图像还没有开始产生缩放效果，如图6-82所示。

06 在第1秒的位置，将【偏移】值设置为100%，使文本图像完成缩放效果，如图6-83所示。

图6-82　设置【偏移】值(一)

图6-83　设置【偏移】值(二)

07 在【动画制作工具1】属性右侧单击【添加】按钮，在弹出的菜单中选择【属

性】|【填充颜色】|【RGB】命令，如图6-84所示。此时将添加【填充颜色】选项，设置填充的颜色为黄色，如图6-85所示。

图6-84　选择【RGB】命令　　　　　　　　　　图6-85　设置填充颜色为黄色

❖ 提示：

　　　单击【文本】选项右侧的【动画】按钮 动画:● 和单击【动画制作工具】属性右侧的【添加】按钮 添加:● ，都可以添加文本动画控制器。在【动画制作工具】属性中添加的文本动画控制器，可以延用该动画制作工具中【范围选择器】的属性，如果通过【文本】选项右侧的【动画】按钮添加文本动画控制器，则需要重新设置【范围选择器】的属性。

　　08 按空格键对本例文本动画的最终效果进行播放，在【合成】面板中可以预览动画的效果，如图6-86所示。

图6-86　文字缩放和颜色变换动画效果

6.5　习题

1. 在After Effects中，有哪些文本工具？如何选择这些文本工具？

2. After Effects的文字包括哪些字符格式？如何设置文字的字符格式？

3. After Effects的文本图层包括哪些基本属性？

4. 如何启用After Effects的动画控制器？

5. After Effects包括哪些控制器类型？

第7章

形状蒙版与表达式

　　使用蒙版可以将图层的一部分遮盖或去除，从而突出或抹去一部分内容，为了方便修改影视图像效果，在After Effects中，通常会运用到蒙版功能。本章主要介绍蒙版的概念、蒙版与形状的区别、蒙版与形状的创建与修改、蒙版属性的设置，以及表达式的应用等。

本章重点

○　创建蒙版与形状
○　修改蒙版形状
○　设置蒙版属性
○　表达式的应用

7.1 创建蒙版与形状

为了便于后面修改，在制作影视图像效果时，通常会运用到蒙版功能。本节将学习蒙版的基本概念，以及蒙版与形状的创建方法。

7.1.1 认识蒙版

蒙版和形状的绘制与编辑方法相似，都可以通过形状工具进行操作。蒙版和形状虽然有相似之处，但也有所区别。

1. 蒙版的概念

蒙版在 After Effects 中是一种附于图层存在的路径，可以是开放的，也可以是闭合的，通过蒙版层中的图形或轮廓对象透出下面图层中的内容。蒙版可以绘制在图层中，一个图层可以包含多个蒙版。虽然是一个图层，但也可以将其理解为两层，一个是轮廓层(即蒙版层)；另一个是被蒙版层(即蒙版下方的图像层)。

蒙版层的轮廓形状决定看到的图像形状，而被蒙版层则决定看到的内容。

2. 蒙版与形状的区别

蒙版不是独立的图层，其作为属性依附于图层而存在，与图层的效果、变换等属性一样，如图7-1所示。用户可以通过修改蒙版属性来改变图层的显示效果，也可以对蒙版路径添加描边、填充等效果；形状图层是独立的图层，常用于制作各种各样的图形效果。一个形状图层可以单独存在，也可以包含很多图形，如图7-2所示。

图7-1 图层中的蒙版

图7-2 形状图层

7.1.2 绘制形状

在After Effects中，可以使用【工具】面板中的形状工具(如图7-3所示)和钢笔工具(如图7-4所示)绘制形状。使用形状工具可以绘制多种规则的形状；使用钢笔工具可以绘制不规则的形状。

图7-3 形状工具

❖ 提示:

在绘制图形时，如果没有选择图层，绘制形状时将生成新的形状图层，如果选择了某个图层，绘制的形状将成为该图层的蒙版。

图7-4 钢笔工具

1. 绘制矩形

使用【矩形工具】可以绘制正方形和长方形。在【工具】面板中选择【矩形工具】，然后在【合成】面板中单击并拖动光标至合适位置，释放鼠标即可得到矩形图形，如图7-5所示，在图层列表中将显示创建的形状图层，如图7-6所示。

图7-5 绘制矩形

图7-6 生成形状图层

在不中断绘图操作的情况下，使用【矩形工具】可以在同一个形状图层中连续绘制多个矩形，如图7-7和图7-8所示。

图7-7 绘制多个矩形

图7-8 形状图层中包含的形状

❖ 提示：

选择【矩形工具】，按住Shift键的同时拖动光标，可以绘制正方形。

2. 绘制圆角矩形

使用【圆角矩形工具】可以绘制具有圆角的矩形，效果如图7-9所示。其绘制方法与【矩形工具】相同，配合Shift键也可以绘制圆角正方形，效果如图7-10所示。

图7-9 绘制圆角矩形

图7-10 绘制圆角正方形

3. 绘制椭圆与圆

使用【椭圆工具】可以绘制椭圆，效果如图7-11所示。其绘制方法与【矩形工具】相同，配合Shift键可以绘制圆形，效果如图7-12所示。

图7-11　绘制椭圆

图7-12　绘制圆形

4. 绘制多边形

使用【多边形工具】可以绘制具有多个边角的几何形状。选择【多边形工具】，先在图像上单击确定多边形的中心点，然后拖动光标至合适位置释放鼠标，即可得到多边形，效果如图7-13所示；配合Shift键可以绘制正多边形，效果如图7-14所示。

图7-13　绘制多边形

图7-14　绘制正多边形

5. 绘制星形

使用【星形工具】可以绘制星形形状，效果如图7-15所示。其绘制方法与【多边形工具】相同，配合Shift键可以绘制正星形，效果如图7-16所示。

图7-15　绘制星形

图7-16　绘制正星形

6. 绘制不规则图形

使用形状工具组中的工具只能绘制一些规则的形状，如果使用【钢笔工具】，就可以绘制任意形状的图形。在【工具】面板中选择【钢笔工具】，然后在【合成】面板中依次单击创建锚点，如图7-17所示，当锚点首尾相连时即可完成图形的绘制，如图7-18所示。

图7-17 创建锚点

图7-18 绘制不规则的图形

❖ 提示：

由于在After Effects中不方便绘制过于复杂的形状图形，当需要绘制复杂的形状图形时，可以在Photoshop或Illustrator中绘制完成后，再导入After Effects。

【例7-1】绘制时钟。

01 新建一个项目和一个合成，然后创建一个深色的纯色图层，如图7-19所示。

02 使用【椭圆工具】绘制一个圆形的形状图层，设置填充颜色为青色，描边颜色为灰色，修改图层的名称为"外框"，如图7-20所示。

图7-19 创建一个深色图层

图7-20 绘制圆形图层

03 按Ctrl+D组合键，复制一次"外框"图层，修改图层名称为"内部"，适当缩小"内部"图形，然后修改填充颜色为白色，再适当调整描边宽度，如图7-21所示。

04 选择【图层】|【新建】|【形状图层】菜单命令，创建一个形状图层，然后在形状图层的【内容】选项右侧单击【添加】按钮 添加： ，在弹出的菜单中依次选择【矩形】和【填充】命令，绘制一个矩形，如图7-22所示。

图7-21　复制并修改图层　　　　　　　　　　　图7-22　创建形状图层

05 展开【矩形路径1】选项，适当调整矩形的大小和位置，再设置矩形的填充为黑色，如图7-23所示，效果如图7-24所示。

图7-23　设置矩形的大小、位置和颜色　　　　　图7-24　绘制的矩形效果

06 单击【内容】选项右侧的【添加】按钮 添加: ●，在弹出的菜单中选择【中继器】命令，然后设置副本为12、位置坐标为(0,0)、旋转值为30°，如图7-25所示，得到的重制矩形效果如图7-26所示。

图7-25　设置副本、位置和旋转　　　　　　　　图7-26　重制矩形效果

07 将刚创建的形状图层重命名为"刻度"，然后复制一次，适当修改矩形的大小，设置中继器的副本为4、旋转值为90°，如图7-27所示，得到的图形效果如图7-28所示。

图7-27 复制图层并修改矩形参数

图7-28 图形效果

[08] 复制一次"刻度2"图层，重命名为"分针"，删除【中继器】控制器，然后适当调整矩形的大小、位置和圆度，如图7-29所示，创建的分针图形如图7-30所示。

图7-29 复制图层并修改图层参数

图7-30 创建分针图形

[09] 使用同样的方法创建时针图形，适当调整时针的大小、位置和圆度，效果如图7-31所示。

[10] 使用【椭圆工具】在分针和时针交接处绘制一个圆形，完成本例的制作，最终效果如图7-32所示。

图7-31 创建时针图形

图7-32 最终效果

7.1.3 绘制蒙版

在After Effects中，绘制蒙版同样需要用到形状工具或钢笔工具。绘制蒙版与绘制形状图层的操作相似，两者区别在于：形状图层是独立存在的图层，在绘制形状时，不能选择任何图层；而蒙版是依附于图层存在的，在绘制蒙版时，需要选中所需创建蒙版的图层。

例如，选择要创建蒙版的图层，然后在【合成】面板中绘制一个椭圆，如图7-33所示，即可在当前图层中创建一个蒙版，在图层列表中将显示创建的蒙版，如图7-34所示。

图7-33 创建椭圆蒙版

图7-34 生成蒙版

❖ 提示：

绘制的蒙版除蒙版图形内为原有的图层图像外，其余部分均不可显示，代表当前蒙版的选区在此形状之内。

7.2 修改蒙版形状

使用钢笔工具组中的工具可以对蒙版形状进行修改，其中的形状修改工具包括【添加"顶点"工具】【删除"顶点"工具】【转换"顶点"工具】和【蒙版羽化工具】，如图7-35所示。

图7-35 钢笔工具组

❖ 提示：

修改蒙版与图形形状的操作相似，只是在修改规则图形形状时，不能对图形中的单个顶点进行修改，只能修改其整体图形的大小或长宽；而修改规则蒙版时，可以对单个顶点进行修改，还可以添加或删除某个顶点，本节以修改蒙版为例，对蒙版与图形形状的修改操作进行讲解。

7.2.1 调整蒙版形状

在创建蒙版后，可以观察到有顶点分布在形状周围，用户可以通过调节这些顶点来调整蒙版形状的效果。

首先使用【选取工具】选中蒙版所在的图层，可以看到当前蒙版有哪些顶点，如图7-36所示，然后单击所要调整的顶点，被选中的顶点会变为实心正方形的状态，此时进行拖移等操作，蒙版形状将会发生相应变化，如图7-37所示。

图7-36 选取蒙版   图7-37 通过顶点调整蒙版形状

❖ 提示：

如果不选取某一个特定的顶点，而是选取某条边，或框选某几个顶点，也可对蒙版做出调整。按住Shift键的同时移动控制点时，可以将控制点沿水平或垂直方向移动。

7.2.2 添加顶点

选择【添加"顶点"工具】，在已有蒙版形状上的合适位置单击，即可添加新的顶点，如图7-38所示，拖动顶点，即可调整蒙版形状，如图7-39所示。

图7-38 单击添加顶点   图7-39 调整蒙版形状

7.2.3 删除顶点

选择【删除"顶点"工具】，然后单击需要删除的顶点，即可删除该顶点，如图7-40所示，删除顶点时，蒙版形状会发生相应的变化，如图7-41所示。

图7-40 单击删除顶点   图7-41 蒙版形状发生变化

7.2.4 转换顶点

蒙版形状上的顶点有两种：角点与曲线点。使用【转换"顶点"工具】可以使这两种顶点互相转换。选择【转换"顶点"工具】，在拖动顶点时，可以激活调节方向杆，然后通过调整顶点进行形状的调整。

- 将角点转换为曲线点：选择【转换"顶点"工具】，单击并拖动蒙版上的顶点，如图7-42所示，即可将当前的角点转换为曲线点，如图7-43所示。

图7-42　单击并拖动顶点　　　　　　　　　　　图7-43　角点转换为曲线点

- 将曲线点转换为角点：选择【转换"顶点"工具】，单击蒙版上的曲线顶点，如图7-44所示，即可将当前的曲线点转换为角点，如图7-45所示。

图7-44　单击曲线顶点　　　　　　　　　　　图7-45　曲线点转换为角点

❖ 提示：

选择【蒙版羽化工具】，然后在蒙版路径上单击，如图7-46所示，可增加一个蒙版羽化的控制点，拖动该点可以对蒙版边缘的羽化程度进行调节，如图7-47所示。

图7-46　单击蒙版路径　　　　　　　　　　　图7-47　蒙版边缘羽化

7.3 设置蒙版属性

对蒙版的基本属性进行关键帧设置，可以突出图层中的某部分重点内容或表现某部分画面，从而创建蒙版动画效果。对蒙版的属性进行设置，包括设置蒙版路径、蒙版羽化、蒙版不透明度、蒙版扩展，以及蒙版混合模式等，如图7-48所示。

图7-48 蒙版属性

7.3.1 设置蒙版路径

在图层列表中单击【蒙版路径】右侧的【形状...】按钮，可以在打开的【蒙版形状】对话框中对蒙版尺寸进行精确设置，如图7-49所示，在【形状】选项组中选中【重置为】复选框，然后单击右侧的下拉列表，可以在弹出的列表中更改蒙版形状，如图7-50所示。

图7-49 【蒙版形状】对话框

图7-50 更改蒙版形状

图7-51和图7-52所示是将灯塔蒙版分别设置为矩形蒙版和椭圆蒙版的效果。

图7-51 矩形蒙版

图7-52 椭圆蒙版

7.3.2 蒙版羽化

蒙版羽化功能与【蒙版羽化工具】相似，用于对蒙版的边缘进行羽化处理。默认情况下，蒙版的边缘不带有任何羽化效果，用户可以设置【蒙版羽化】选项右侧的数值对蒙版边缘进行羽化处理。图7-53和图7-54所示分别为不同蒙版羽化值的效果。

图7-53　羽化值为20　　　　　　　　　　　　图7-54　羽化值为100

7.3.3　蒙版不透明度

默认情况下，蒙版中的图像完全显示，而蒙版外的图像完全不显示。如果想调整蒙版中图像的透明效果，可以通过【蒙版不透明度】属性进行调整。图7-55和图7-56所示分别为不同的蒙版不透明度的效果。

图7-55　蒙版不透明度为80%　　　　　　　　图7-56　蒙版不透明度为40%

❖ **提示：**

蒙版的不透明度只影响图层上蒙版内的区域图像，不会影响蒙版外的图像。

7.3.4　蒙版扩展

【蒙版扩展】属性用于扩大或收缩蒙版的范围。设置该属性值为正值时，将对蒙版进行扩展；设置该属性值为负值时，将对蒙版进行收缩。图7-57和图7-58所示分别为扩展蒙版和收缩蒙版的效果。

图7-57　扩展蒙版　　　　　　　　　　　　　图7-58　收缩蒙版

7.3.5　设置蒙版混合模式

在【蒙版】右侧的下拉列表中可以选择蒙版的混合模式，从而达到特殊的效果，如图7-59所示。

图7-59　蒙版混合模式选项

各种混合模式含义如下。

- 无：选择此混合模式，绘制的蒙版路径不起蒙版作用，只作为路径存在。
- 相加：此选项为默认选项。如果在图像中绘制两个或两个以上的蒙版，选择此混合模式可看到两个或两个以上蒙版相加的效果，如图7-60所示。
- 相减：选择此混合模式，蒙版的显示会变成镂空的效果，如图7-61所示。

图7-60　相加模式

图7-61　相减模式

- 交集：绘制两个蒙版且都选择此混合模式，则两个蒙版产生交叉显示的效果，如图7-62所示。
- 变亮：此混合模式对于可视范围区域，与【相加】混合模式相同。但对于重叠处的图像则采用蒙版不透明度较高的值。
- 变暗：此混合模式对于可视范围区域，与【相减】混合模式相同。但对于重叠处的图像则采用蒙版不透明度较低的值。
- 差值：绘制两个蒙版且都选择此混合模式，则两个蒙版产生交叉镂空的效果，如图7-63所示。

图7-62　交集模式

图7-63　差值模式

> ❖ 提示：
>
> 选中【蒙版】右侧的【反转】复选框，可以对蒙版进行反转，即将原本显示的图像隐藏起来，将原本隐藏的图像显示出来。

7.3.6 蒙版动画

蒙版动画是对蒙版的基本属性进行关键帧设置，用来突出图层中的某部分重点内容或表现某部分画面所制作的动画影片。对蒙版的形状、羽化、不透明度及扩展等参数值的调整都可以形成蒙版动画，在以后的操作中，可根据需要对不同的参数设置关键帧，不仅能够突出重点，还可以使影片内容变得更加丰富。

7.4 表达式的应用

After Effects中的表达式是一种强大的工具，用户可以通过编写代码来控制图层属性的动画，无需逐帧调整关键帧，就可以实现复杂的动态效果。

7.4.1 创建表达式

在After Effects中，可以在图层的属性选项中创建表达式。这里以【锚点】属性为例，按住Alt键，单击【锚点】属性左侧的【关键帧控制器】按钮📷，在时间轴区域会出现输入框，接着在输入框中输入正确的表达式，如图7-64所示，然后在其他位置单击，即可完成表达式的创建。

图7-64　创建表达式

❖ 提示：

在【表达式】右侧单击【启用表达式】按钮，可以在开启和关闭表达式之间进行切换，如图7-65所示；单击【表达式图表】按钮，可以显示表达式的图表效果，如图7-66所示。

图7-65　开启或关闭表达式

图7-66　显示表达式图表

7.4.2 常用表达式

After Effects提供了很多种表达式，在图层列表中单击表达式右侧的【表达式语言菜单】下拉按钮，可以在展开的表达式菜单中选择需要的表达式，如图7-67所示。

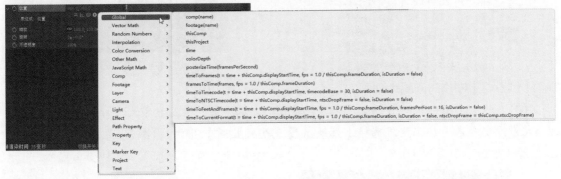

图7-67 表达式菜单

下面介绍几种常用的表达式。

1. time表达式

time表达式用于控制动画随时间的变化。该表达式的基本形式为time*n，其中n可以是常量或变量。例如，在旋转属性上设置time*60，则图层将通过1秒的时间旋转60°，2秒时旋转到120°，以此类推。

2. wiggle表达式

wiggle表达式用于创建抖动效果。该表达式的基本形式为wiggle(a,b)，其中a代表抖动的频率，b代表抖动的振幅。例如，wiggle(10,20)表示图层每秒抖动10次，每次随机波动的幅度为20像素。

3. loopOut表达式

loopOut表达式用于创建循环动画，需要预先设定关键帧。与其他表达式不同，loopOut表达式需要特定的设置来实现循环。

4. seedRandom表达式

seedRandom表达式使用随机表达式可以让动画变得更加丰富。通过给随机一个初始值，After Effects会自动使用图层在时间线左侧上的数字作为初始值，当图层顺序发生变化时，表达式的随机效果也会随之改变。

5. Math.round表达式

Math.round表达式用于将小数变成整数，通常用于计时动画的制作中，如制作时间码表的动画。

7.4.3 关联表达式

通过【效果】|【表达式控制】菜单命令(如图7-68所示)，可以创建表达式控制对象，图7-69所示是创建的角度控制对象，然后将图层属性中的表达式链接到表达式控制对象，可

以实现表达式的关联。

图7-68　表达式控制菜单

图7-69　角度控制

【例7-2】制作时间码表动画。

01 新建一个项目与一个合成，然后创建一个文本图层，输入数字0，如图7-70所示。

02 选中文本图层，然后选择【效果】|【表达式控制】|【滑块控制】菜单命令，为图层添加滑块控制，如图7-71所示。

图7-70　创建文本图层

图7-71　添加滑块控制

03 在图层列表中展开【文本】选项组，按住Alt键，单击【源文本】动画控制按钮，建立源文本表达式，然后将【表达式关联器】按钮拖到【效果控件】面板中的【滑块】选项上，如图7-72所示，创建滑块控制关联器，如图7-73所示。

图7-72　拖动【表达式关联器】按钮

图7-73　滑块控制关联器

04 在图层列表中依次展开【效果】|【滑块控制】选项组，在第0秒时添加一个【滑块】关键帧，设置【滑块】值为0，如图7-74所示；然后在影片结束时再添加一个【滑块】关键帧，设置【滑块】值为1000，如图7-75所示。

图7-74 设置【滑块】关键帧(一)

图7-75 设置【滑块】关键帧(二)

05 拖动时间指示器,在【合成】面板中对数字变化进行预览,可以看到数字包含很多位小数,如图7-76所示。

06 在表达式文本中将表达式的内容修改为【Math.round(effect("滑块控制")("滑块"))】,以便不保留小数,如图7-77所示。

图7-76 预览数字变化效果

图7-77 修改表达式内容

07 拖动时间指示器,在【合成】面板中对数字变化进行预览,可以看到数字变为整数变化,如图7-78所示。

0	61	155	203	311
405	635	831	926	1000

图7-78 预览数字变化效果

7.5 上机练习

通过本章的学习,读者需要掌握形状与蒙版的创建方法,以及表达式的应用。下面将通过创建生日片头动画和时钟动画案例,巩固练习本章所学的知识。

7.5.1 制作生日片头动画

案例名称:	生日片头
文件路径:	第7章\生日片头
技术掌握:	形状蒙版的创建、蒙版动画的制作

本案例将通过创建生日片头动画，练习形状蒙版的创建，以及蒙版动画的制作。本例的最终效果如图7-79所示。

图7-79　案例效果

01 新建一个项目，然后将所需素材导入【项目】面板中，如图7-80所示。

02 选择【合成】|【新建合成】菜单命令，在打开的【合成设置】对话框中设置合成的宽度、高度和持续时间，然后进行确定，如图7-81所示。

图7-80　导入素材

图7-81　新建合成

03 将导入的素材依次添加到【时间轴】面板的图层列表中，将文字所在的图层调到上方，如图7-82所示，在【合成】面板中的合成效果如图7-83所示。

图7-82　添加对象图层

图7-83　合成效果

04 选择【生日背景】图层，然后使用【椭圆工具】在【合成】面板中绘制一个椭圆蒙版，如图7-84所示，在选择的图层中将自动生成一个蒙版，如图7-85所示。

图7-84　绘制椭圆蒙版

图7-85　创建的蒙版

05 将时间指示器移至第0秒，单击【蒙版羽化】【蒙版不透明度】和【蒙版扩展】属性前面的【关键帧控制器】按钮 ，开启相应的动画功能，然后设置关键帧的参数如图7-86所示，此时的图像效果如图7-87所示。

图7-86　设置蒙版关键帧(一)

图7-87　蒙版效果(一)

06 将时间指示器移至第2秒，修改【蒙版羽化】【蒙版不透明度】和【蒙版扩展】属性参数，并在该时间位置自动生成相应的关键帧，如图7-88所示，此时的图像效果如图7-89所示。

图7-88　设置蒙版关键帧(二)

图7-89　蒙版效果(二)

07 选择【生日快乐】图层，然后使用【矩形工具】在【合成】面板中绘制一个矩形蒙版，如图7-90所示。在图层列表中展开刚创建的蒙版选项，如图7-91所示。

图7-90　绘制矩形蒙版

图7-91　展开蒙版选项

08 将时间指示器移至第3秒，单击【蒙版路径】属性前面的【关键帧控制器】按钮 ，开启相应的动画功能，并自动添加一个关键帧，如图7-92所示，然后使用【选取工具】在【合成】面板中将蒙版的右边线向左拖动，将文字图像完全隐藏，如图7-93所示。

图7-92　设置关键帧(一)　　　　　　　图7-93　调整蒙版右边线(一)

09 将时间指示器移至第5秒，单击【蒙版路径】属性前面的【添加或移除关键帧】按钮，在该时间位置添加一个关键帧，如图7-94所示，然后使用【选取工具】在【合成】面板中将蒙版的右边线向右拖动，将文字图像完全显示，如图7-95所示。

图7-94　设置关键帧(二)　　　　　　　图7-95　调整蒙版右边线(二)

10 按空格键对影片进行播放，在【合成】面板中可以预览蒙版的动画效果，如图7-96所示。

图7-96　蒙版动画效果

7.5.2　制作时钟动画

案例名称：	时钟动画
文件路径：	第7章\时钟动画
技术掌握：	表达式的创建与编辑

本案例将通过制作时钟动画，练习表达式的创建与编辑。本例的最终效果如图7-97所示。

图7-97 案例效果

01 打开【例7-1】创建的时钟项目文件。按住Alt键，在【分针】图层中单击【旋转】动画控制按钮⏱，建立旋转表达式，如图7-98所示。然后将表达式内容修改为【time*360】，如图7-99所示。

图7-98 建立旋转表达式

图7-99 修改旋转表达式

02 拖动时间指示器，在【合成】面板中可以预览分针的旋转效果，如图7-100所示。

图7-100 分针的旋转效果

03 在【时针】图层中建立旋转表达式，然后将【时针】图层中的【表达式关联器】按钮 拖到【分针】图层中的【旋转】选项上，如图7-101所示。也可以将【分针】图层的表达式关联到【时针】图层的【旋转】选项上，如图7-102所示。

图7-101　拖动【表达式关联器】按钮　　　　　　　　　图7-102　表达式关联效果

04 由于时针与分针旋转速度不同，需要将【时针】图层中的表达式内容修改为【thisComp.layer("分针").transform.rotation/12】，如图7-103所示。

05 按空格键对影片进行播放，在【合成】面板中可以预览时钟的动画效果，如图7-104所示。

图7-103　修改表达式　　　　　　　　　　　　　　　图7-104　时钟动画效果

7.6　习题

1. 如何理解After Effects中的蒙版？

2. 在After Effects中，蒙版与形状的区别是什么？

3. 在After Effects中，可以绘制哪些形状，各种形状如何绘制？

4. 在After Effects中，对蒙版的顶点可以进行哪些调整？

5. 如何创建表达式？

6. 创建两个不同形状的蒙版，并调整其混合方式，观察每个混合方式呈现的效果。

第8章

三维空间动画

　　After Effects 不仅可以创建精彩的平面视觉效果和二维动态影片效果，而且在三维效果的应用上也有多样化的表现，应用3D图层效果中的灯光和摄像机，可以呈现三维动态影片效果。本章将详细讲解After Effects中3D图层的概念与应用方法，通过3D图层中灯光与摄像机的设置，可创建出更为丰富的动画效果。

本章重点

○ 应用3D图层
○ 建立灯光
○ 建立摄像机

8.1 应用3D图层

在After Effects中，将图层转换为3D图层，使图层之间相互投影、遮挡，从而体现透视关系。架设摄像机后，可以为摄像机位置设定关键帧，从而产生推拉摇移等镜头运动的动态效果。

8.1.1 3D图层概述

通常意义上的三维是指在平面二维中又增加了一个方向向量后所构成的空间系。我们所看到的画面，不论静态或者动态，都是在二维空间中形成的，但画面呈现的效果可以是立体的，这是三维给人的视觉造成的立体感、深度感和空间感。

三维即是3个坐标轴：X轴、Y轴和Z轴。其中，X表示左右空间，Y表示上下空间，Z表示前后空间。Z轴的坐标是体现三维空间的关键要素。三维空间具有立体性，但3个坐标轴所代表的空间方向都是相对的，没有绝对的左右、上下、前后。

8.1.2 建立3D图层

在【时间轴】面板中选中一个图层，然后选择【图层】|【3D图层】菜单命令进行3D图层转换，或在图层属性栏中找到【3D图层】选项，将【3D图层】选项对应的方框激活，即表示该图层已转换为3D图层，如图8-1所示。

开启【3D图层】功能后，该图层比未开启【3D图层】功能多了许多图层属性，图8-2所示是未开启【3D图层】功能的图层属性。

图8-1 激活3D图层

图8-2 未开启3D图层属性

使用【旋转工具】拖动如图8-3所示的图层对象，可以看到图层有了立体的视觉效果，并且在3D图层上出现了一个三色的坐标控制器。图8-4所示是拖动图层X轴的旋转效果；图8-5所示是拖动图层Y轴的旋转效果；图8-6所示是拖动图层Z轴的旋转效果。

图8-3 图层原效果

图8-4 沿X轴旋转效果

图8-5 沿Y轴旋转效果 · 图8-6 沿Z轴旋转效果

8.1.3 3D图层的基本操作

将图层由2D转换为3D后，在图层原有属性的基础上又增加了许多3D图层特有的属性，例如，在X轴(水平方向)、Y轴(垂直方向)的基础上，又增加了Z轴(深度)坐标。在【合成】面板中直接拖动相应的坐标轴，即可调整图层在某个方向上的位置，也可以在【时间轴】面板中选中某个坐标轴，通过改变属性值来调整图层位置。

1. 选择坐标轴

在旋转3D图层时，可以在【合成】面板中通过控制各个坐标轴直观地调整图层的旋转变换。当在【合成】面板中移动指针靠近图层的坐标时，面板中会显示相应的名称，如图8-7所示。

图8-7 显示坐标名称

2. 3D图层间的关系

通过前面章节的学习可以了解到，在After Effects的2D图层中，图层位置越靠前，图层内容也会在【合成】面板中越前端显示。如将文字图层放置于纯色图层下，在2D图层的显示中，文字图层将无法显示。

从图8-8和图8-9所示的效果中可以看出，在2D模式下，图层的先后顺序影响着图层的显示情况。但在3D模式中，图层显示的先后顺序与其排列的顺序并无联系，而是取决于它在3D空间中所在的位置。

从图8-10和图8-11所示的效果中可以看出，开启3D图层效果后，图层排列的先后顺序将不再影响合成影片的显示。

图8-8　2D图层排列顺序(一)　　　　　　图8-9　2D图层排列顺序(二)

图8-10　3D图层排列顺序(一)　　　　　　图8-11　3D图层排列顺序(二)

3. 切换3D视图

单击【合成】面板下方的【活动摄像机】下拉按钮，将弹出3D视图下拉菜单，用户可以根据需要在下拉菜单中选择不同的视图角度，如图8-12所示，也可以选择【视图】|【切换3D视图】菜单命令进行3D视图切换，如图8-13所示。

图8-12　单击【活动摄像机】下拉按钮　　　　　图8-13　切换3D视图

选择不同的视角对合成进行观察，可以更好地了解图层之间的位置关系。在图8-14中，可以看到不同角度下显示的不同画面。

> ❖ 提示:
>
> 单击【选择视图布局】下拉按钮，可以在弹出的下拉菜单中选择同时显示多个视图的命令，图8-15所示和图8-16所示分别是显示【2个视图-水平】和【4个视图】的预览效果。

图8-14　不同的视角效果

图8-15　【2个视图-水平】视图布局效果

图8-16　【4个视图】视图布局效果

8.1.4　设置几何效果

在3D图层列表中展开【几何选项】属性，可以设置图层的几何效果，如图8-17所示。

> ❖ 提示：
>
> 　　如果3D图层列表中的【几何选项】属性呈灰色显示，则表示当前该选项不可用，可以选择【合成】|【合成设置】菜单命令，打开【合成设置】对话框，选择【3D渲染器】选项卡，在【渲染器】下拉列表中选择Cinema 4D渲染器，如图8-18所示，即可使用【几何选项】的属性。

图8-17　展开【几何选项】属性

图8-18　选择渲染器

【例8-1】设置图层的几何效果。

01 打开【3D文字.aep】素材项目，效果如图8-19所示。

02 在【时间轴】面板中开启【文本】图层的3D模式，如图8-20所示，效果如图8-21所示。

图8-19　素材效果

图8-20　开启3D模式

图8-21　3D效果

　　03 在图层列表中展开【变换】属性，设置【Y轴旋转】值为-40°，如图8-22所示，得到的效果如图8-23所示。

图8-22　设置【Y轴旋转】值

图8-23　文字旋转效果

　　04 展开【几何选项】属性，其中的【斜面样式】默认设置为【无】，如图8-24所示，在【斜面样式】下拉列表中可以选择不同的斜面样式选项，如图8-25所示。

图8-24　默认的斜面样式

图8-25　选择不同的斜面样式

　　05 在【斜面样式】下拉列表中分别选择【尖角】【凹面】【凸面】选项，可以设置不同斜面的效果，如图8-26、图8-27和图8-28所示。

　　06 在【洞斜面深度】选项中可以调整有洞面角字符的倒角深度，使文本更有立体感。洞斜面深度为0和50%的效果如图8-29和图8-30所示。

❖ **提示：**

　　在【斜面深度】选项中可以调整斜面样式的倒角程度，数值越大，字符边缘的角度越宽。

图8-26 设置【尖角】样式

图8-27 设置【凹面】样式

图8-28 设置【凸面】样式

图8-29 洞斜面深度为0

图8-30 洞斜面深度为50%

07 在【凸出深度】选项中可以设置字符凸出的厚度，数值越大，厚度越大，如图8-31和图8-32所示。

图8-31 凸出深度为0

图8-32 凸出深度为50

8.1.5 设置材质效果

在3D图层列表中展开【材质选项】属性，可以设置图层的材质效果，如图8-33所示。在【材质选项】选项组中有如下选项可以调用。

1. 投影

【投影】的开关决定了灯光阴影的形成，如果没有开启【投影】，则无法显示阴影效果，除【开】与【关】选项外，还有【仅】选项，代表仅显示物体投影，不显示图层物体，几种选项效果如图8-34、图8-35和图8-36所示。

图8-33 材质选项

图8-34 关闭投影

图8-35 打开投影

图8-36 仅显示投影

打开【接受阴影】选项开关，可以使图层接受其他图层投射的阴影。打开【接受灯光】选项开关，当前图层才能接受灯光的影响，如图8-37和图8-38所示。

图8-37 打开接受灯光

图8-38 关闭接受灯光

2. 在反射中显示

设置【在反射中显示】选项，可以修改当前图层的反射效果，即【开】【关】和【仅】3种效果，如图8-39、图8-40和图8-41所示。

图8-39 开启反射效果

图8-40 关闭反射效果

图8-41 仅显示反射效果

3. 其他选项

○ 环境：可调节图层对周围其他物体反射的程度。

○ 漫射：此项可调节当前图层中的物体在受到灯光照射时，所反射出光线的程度，如图8-42和图8-43所示。

○ 镜面强度：此项可设置灯光被图层反射的程度。

○ 镜面反光度：控制镜面高光的范围。

○ 金属质感：调节高光的颜色，当设置为最大值100%时，高光颜色与图层颜色相同；当值为最小值时，高光颜色与灯光颜色一致。

图8-42 漫射为0　　　　　　　　　　　　图8-43 漫射为50%

- ○ 反射强度：此项可以调节其他物体对当前图层的反射程度。
- ○ 反射锐度：设置反射光线的锐利程度，数值越大，反射越锐利。
- ○ 反射衰减：设置光线反射的衰减程度。

8.2 建立灯光

在影片合成中，合理地使用灯光图层，可以通过影片画面光线的变化表现丰富的内容。使用灯光可以营造场景中的气氛，不同的灯光颜色也可以使3D场景中的素材图层渲染出不同的效果。

灯光图层在After Effects中除常规的图层属性外，还具备一些特有的属性，方便用户更好地控制影片的画面视觉效果。

8.2.1 创建灯光图层

选择【图层】|【新建】|【灯光】菜单命令，打开【灯光设置】对话框，如图8-44所示，设置好灯光参数后，单击【确定】按钮，即可创建灯光图层，如图8-45所示。

在【灯光设置】对话框中，可以对【灯光类型】【颜色】【强度】等属性进行调整，以满足不同影片的需求。在【灯光类型】下拉列表中有【平行】【聚光】【点】和【环境】4种类型，默认设置为【聚光】，如图8-46所示。

图8-44 【灯光设置】对话框　　　　　　图8-45 创建灯光图层　　　　　　图8-46 4种灯光类型

这4种灯光类型是很多三维软件中的常见类型，分别有着不同的渲染效果。

○ 平行：即光线以平行的方式从某一条线发出，向目标位置照射。它可以照亮场景中目标位置里的每一处画面，如图8-47所示。

○ 聚光：光线从某一个点发出，以圆锥形呈放射状向目标位置照射，被影响的物体上会显示出圆形的光照范围，范围的大小可以在【聚光】灯光图层的属性中进行调整，如图8-48所示。

图8-47 平行光

图8-48 聚光

○ 点：光线从某一个点发出，向四周扩散。灯光光源离物体越近，光照的强度就会越强，如图8-49所示。

○ 环境：光线对物体图层整体起照亮作用，没有固定的发射点，但也无法产生投影，可调节和统一整个合成画面的色调，如图8-50所示。

图8-49 点光

图8-50 环境光

8.2.2 控制灯光图层

灯光的坐标轴控制不同于其他3D图层。下面以【聚光】图层为例，讲解灯光图层的调节和控制。

【例8-2】调节聚光灯。

01 打开前面修改后的【3D文字.aep】项目。在【合成】面板中选中灯光对象，该灯光对象将出现一个三维坐标控制器(位于圆锥形控制器的顶部)，以及一个【目标点】控制器(位于圆锥形底面的圆心处)，如图8-51所示。

02 拖动圆锥形顶端的三维坐标控制器，可以根据场景需要对整个灯光的照射位置进行调整，如图8-52所示。

03 拖动【目标点】控制器，可以对光源的方向做出调整，如图8-53所示。

图8-51　显示灯光控制器

图8-52　调整灯光照射位置

图8-53　改变灯光目标点

❖ 提示：

在【图层】列表中调整【目标点】和【位置】选项值，也可以改变聚光灯的目标点位置和照射点位置。

8.2.3　设置灯光图层属性

各种灯光的图层属性相似，下面以【聚光】类型为例，介绍【灯光】图层的属性。在创建【灯光】图层后，可以在【属性】栏中对其【变换】及【灯光选项】中的参数进行调整，如图8-54和图8-55所示。

图8-54　灯光变换属性

图8-55　灯光选项属性

- 目标点：即灯光照射的目标位置，可拖动鼠标或直接修改数值进行调整。
- 位置：可以调整灯光照射的位置，可以拖动鼠标或直接修改参数进行调整。
- 方向：可以调整灯光照射的角度，可以拖动鼠标或直接修改参数进行调整。
- X轴旋转/Y轴旋转/Z轴旋转：可以调节所选灯光在不同坐标轴上的旋转角度。
- 强度：该属性可以调节灯光的强弱。强度越强，灯光越亮。当【强度】为0时，灯光不发射光线，场景将会变黑。
- 颜色：用于调节灯光颜色。不同颜色的灯光对合成有不同的渲染效果，如图8-56和图8-57所示。
- 锥形角度：此属性为【聚光】类型灯光的特有属性，用来调整圆锥体控制器范围的大小。数值越大，光照范围越大，数值越小，光照范围越小，如图8-58和图8-59所示。

图8-56　白色灯光

图8-57　灰色灯光

图8-58　锥形角度为60°

图8-59　锥形角度为80°

○ 锥形羽化：此属性同样是【聚光】类型灯光的特有属性，羽化的原理是使衔接的部分虚化，起到渐变的效果，使边缘交界处变得柔和。改变该属性数值，可以调整圆锥体控制器边缘的虚化程度，数值越高，灯光边缘的光线越柔和，数值越低，光线边缘越锐利，如图8-60和图8-61所示。

图8-60　锥形羽化为50%

图8-61　锥形羽化为0

○ 衰减：现实生活中的灯光有衰减的属性，站在不同距离观察同一束光线，所感受到的强度是不同的。After Effects中【衰减】属性的默认设置为【无】，此外还有【平滑】和【反向正方形已固定】选项，效果如图8-62、图8-63和图8-64所示。

○ 半径：设置【衰减】属性的半径值。

○ 衰减距离：设置【衰减】属性的距离。

○ 投影：可打开或关闭投影。在【投影】设置为【开】时，合成中会显示灯光的投影效果。如果看不到投影效果，需打开【材质选项】中的【接受阴影】选项。

图8-62 无灯光衰减

图8-63 平滑灯光衰减

图8-64 反向灯光衰减

○ 阴影深度：此选项可以设置阴影的颜色深度，数值越大，颜色越深，如图8-65和图8-66所示。

图8-65 阴影深度为50%

图8-66 阴影深度为100%

○ 阴影扩散：此选项可以调整阴影的漫反射效果，数值越大，阴影边缘越柔和，如图8-67和图8-68所示。

图8-67 阴影扩散为0

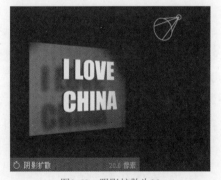

图8-68 阴影扩散为20

8.3 建立摄像机

在合成窗口中，默认使用【活动摄像机】对视图进行观察，除了系统自动创建的摄像机，用户还可以自行创建摄像机，从而方便观察和调整图层间的位置关系。

创建摄像机后，可以为摄像机设置关键帧，以丰富合成影片的效果，就像拍摄电影时所架设的不同机位可以表达不同的叙事内容，不同的摄像机位置也可以创造精彩的视觉效果。

8.3.1　创建摄像机

选择【图层】|【新建】|【摄像机】菜单命令即可创建摄像机图层，或在【合成】面板中右击，在弹出的快捷菜单中选择【新建】|【摄像机】命令，然后在打开的【摄像机设置】对话框中对摄像机的基本设置进行调整，如图8-69所示。

在【预设】选项的下拉列表中可以选择摄像机镜头，After Effects中的镜头类型范围在15毫米和200毫米之间，用户可根据需要调节镜头类型和焦距，如图8-70所示。常见的摄像机镜头有以下两种。

- 15毫米：广角镜头，视野范围很广，可以包容的场面较大，因此在表现空间方面有很强的优势，用来制作一些气势恢宏的全景场面，使画面有很好的透视感。
- 35毫米：标准镜头，焦距长度与所摄画幅的对角线长度大致相等的镜头，所表现的景物透视与我们目视的效果基本一致，应用范围非常广泛。

图8-69　【摄像机设置】对话框

图8-70　镜头类型

在【摄像机设置】对话框的设置面板中显示了摄像机的摄像参数，用户可以了解所调节和设置的对象是属于摄像机的哪一部分属性。

- 视角：控制摄像机的可视范围。
- 焦距：设置焦距的长度。
- 胶片大小：设置胶片用于合成的尺寸，调整【胶片大小】时，【缩放】和【视角】参数值也会发生相应改变。

8.3.2　设置摄像机参数

在创建摄像机后，可以在【图层】列表中对其属性进行设置，除包括常规图层中的【变换】属性外，还包括【摄像机选项】属性，如图8-71所示。

【变换】选项组中各个属性的作用如下。

- 目标点：调整摄像机的目标点位置，可拖动鼠标或直接修改数值进行调节。

图8-71　摄像机的属性选项

- 位置：调整摄像机的投射位置，可拖动鼠标或直接修改数值进行调节。
- 方向：调整摄像机的方向，可拖动鼠标或直接修改数值进行调节。
- X轴旋转/Y轴旋转/Z轴旋转：可以调节摄像机在不同坐标轴上的旋转角度。

【摄像机选项】选项组中各个属性的作用如下。

- 缩放：调整摄像机镜头到所拍摄图层视线框的距离，如图8-72和图8-73所示。

图8-72 缩放设置(一)   图8-73 缩放设置(二)

- 景深：用于开启或关闭景深效果。在聚焦完成后，焦点前后的范围内将呈现清晰的图像。而这焦点前后的范围距离就叫景深。
- 焦距：此项可调整焦点到面镜的中心点的距离，效果如图8-74和图8-75所示。

图8-74 焦距设置(一)   图8-75 焦距设置(二)

- 光圈：设置镜头快门尺寸。镜头快门越大，受到焦距影响的像素点就越多。
- 模糊层次：设置聚焦效果的模糊程度。
- 光圈形状：设置光圈的形状，默认设置为【快矩形】，此外还包括【三角形】【正方形】等形状。
- 光圈旋转：设置光圈旋转的角度。
- 光圈圆度：设置光圈的圆润程度。
- 光圈长宽比：设置光圈的长度与宽度的比值。

8.4 上机练习

通过本章的学习，读者需要掌握三维空间动画的创建方法。下面将通过制作3D动态相册，巩固练习本章所学的知识。本例的最终效果如图8-76所示。

案例名称：	3D动态相册
文件路径：	第8章\3D动态相册
技术掌握：	3D图层的设置、摄像机的建立与设置

图8-76 案例效果

01 新建一个项目，然后选择【合成】|【新建合成】菜单命令，在打开的【合成设置】对话框中进行预设设置，再设置【持续时间】为0:00:15:00，单击【确定】按钮，建立一个新的合成，如图8-77所示。

02 执行【文件】|【导入】|【文件】菜单命令，打开【导入文件】对话框，找到【3D动态相册】素材文件夹，然后单击【导入文件夹】按钮导入素材，如图8-78所示。

图8-77 新建合成

图8-78 导入文件夹

03 将导入的图片素材按照顺序添加到【时间轴】面板的【图层】列表中，如图8-79所示。

04 下面制作3D相册效果。在【时间轴】面板中为各个图层开启三维图层效果，使所有图层都激活三维属性功能，如图8-80所示。

图8-79 添加素材

图8-80 开启三维图层效果

05 选中【宝宝01.jpg】图层，将【位置】设置为256、540、-200；【缩放】设置为30%、30%、30%；【方向】设置为0.0°、330.0°、0.0°，如图8-81所示。

06 选中【宝宝02.jpg】图层，将【缩放】设置为30%、30%、30%，其他参数不变，如图8-82所示。

07 选中【宝宝03.jpg】图层，将【位置】设置为1664、540、-200；【缩放】设置为30%、30%、30%；【方向】设置为0.0°、30.0°、0.0°，如图8-83所示。

图8-81 设置图层1参数

图8-82 设置图层2参数

图8-83 设置图层3参数

08 选择【视图】|【切换视图布局】|【4个视图】菜单命令，在【合成】面板中预览创建的3D相册静态效果，如图8-84所示。

09 选择【图层】|【新建】|【摄像机】菜单命令，打开【摄像机设置】对话框，如图8-85所示，然后单击【确定】按钮，创建一个摄像机，如图8-86所示。

图8-84 3D相册静态效果

图8-85 【摄像机设置】对话框

10 接下来为摄像机添加动画，制作一个由左向右的平摇镜头效果，用于展示电子相册。将时间指示器移至0:00:00:00，将摄像机图层的【变换】属性组中的【方向】数值设置为0.0°、320.0°、0.0°，并添加关键帧，如图8-87所示，使镜头移至图像的最左侧，效果如图8-88所示。

图8-86 创建一个摄像机

11 将时间指示器移至0:00:02:00，设置【方向】数值为0.0°、40.0°、0.0°，如图8-89所示，使镜头移至图像的最右侧，效果如图8-90所示。

图8-87 设置【方向】数值(一)

图8-88 平摇镜头1

图8-89 设置【方向】数值(二)

图8-90 平摇镜头2

12 将时间指示器移至0:00:04:00,设置【方向】数值为0.0°、0.0°、0.0°,如图8-91所示,使镜头恢复到中间的位置,效果如图8-92所示。

图8-91 设置【方向】数值(三)

图8-92 平摇镜头3

13 下面在镜头移动的过程中增加一个推进的动画,使图片的展示更清晰。将时间指示器移至0:00:04:00,为摄像机图层的【摄像机选项】属性中的【缩放】选项添加一个关键帧,保持缩放值不变。然后将时间指示器移至0:00:06:00,设置【缩放】数值为8000,如图8-93所示,推进镜头放大图片,效果如图8-94所示。

图8-93　设置【缩放】数值(一)　　　　　　　　　　图8-94　推进镜头

14　将时间指示器移至0:00:07:00，添加一个【缩放】关键帧，保持参数不变。然后将时间指示器移至0:00:08:00，设置【缩放】数值为2666.7，使镜头恢复初始位置，如图8-95所示。

15　下面制作单幅图片全屏展示动画。选择【宝宝01.jpg】图层，将时间指示器移至0:00:09:00，为该图层的【变换】属性组中的【位置】【缩放】和【方向】添加关键帧，并保持原参数不变，如图8-96所示。

图8-95　设置【缩放】数值(二)　　　　　　　　　　图8-96　设置【变换】属性(一)

16　将时间指示器移至0:00:10:00，设置【位置】数值为960、540、-300，设置【缩放】数值为100%、100%、100%，设置【方向】数值为0.0°、0.0°、0.0°，如图8-97所示，使【宝宝01.jpg】图片全屏展示，效果如图8-98所示。

图8-97　设置【变换】属性(二)　　　　　　　　　　图8-98　全屏展示图片

17 对0:00:10:00处设置的3个属性的关键帧进行复制，然后将时间指示器移至0:00:11:00，对复制的关键帧进行粘贴，使图片全屏展示的状态持续1秒钟，如图8-99所示。

18 对0:00:09:00处设置的3个属性的关键帧进行复制，然后将时间指示器移至0:00:12:00，对复制的关键帧进行粘贴，使图片恢复初始样式，如图8-100所示。

图8-99　复制0:00:10:00处的关键帧　　　　　　　　图8-100　复制0:00:09:00处的关键帧

19 选择【宝宝03.jpg】图层，将时间指示器移至0:00:12:00，为该图层的【变换】属性组中的【位置】【缩放】和【方向】添加关键帧，并保持原参数不变，如图8-101所示。

20 将时间指示器移至0:00:13:00，设置【位置】数值为960、540、-300，设置【缩放】数值为100%、100%、100%，设置【方向】数值为0.0°、0.0°、0.0°，如图8-102所示，使【宝宝03.jpg】图片全屏展示。

图8-101　设置【变换】属性(一)　　　　　　　　　图8-102　设置【变换】属性(二)

21 对0:00:13:00处设置的3个属性的关键帧进行复制，然后将时间指示器移至0:00:14:00，对复制的关键帧进行粘贴，使图片全屏展示的状态持续1秒钟，如图8-103所示。

22 对0:00:12:00处设置的3个属性的关键帧进行复制，然后将时间指示器移至0:00:14:24，对复制的关键帧进行粘贴，使图片恢复初始样式，如图8-104所示。

图8-103　复制0:00:13:00处的关键帧　　　　　　　　图8-104　复制0:00:12:00处的关键帧

23 按空格键对影片进行播放，在【合成】面板中可以观看最终效果，如图8-105所示。

图8-105 预览动画效果

8.5 习题

1. 如何建立3D图层？

2. 如何调节聚光灯，对照射位置和光源的方向进行调整？

3. 在After Effects中，如何选择摄像机镜头，常见的摄像机镜头有哪两种？

4. 创建一段文本，为其制作3D效果。

5. 创建一个拥有3D效果的几何模型，为其创建灯光和摄像机图层，制作摄像机围绕模型旋转的动画。

第9章

特效的应用

特效是After Effects中非常重要的功能,可以方便地将静态图像制作成动态效果,也可以为动态影像制作绚丽的特效。本章将学习特效的基本操作和常用特效的应用方法。

本章重点

- 掌握为素材添加特效的方法
- 掌握特效的设置方法
- 掌握特效的编辑操作
- 熟悉常用的特效

9.1 特效的基本操作

在应用特效前，首先需要掌握特效的一些基本操作，其中包括特效的添加、设置和编辑等。

9.1.1 添加特效

要对对象应用特效，首先需要在对象图层上添加特效。在After Effects中，可以通过两种方式来添加特效，即通过【效果】菜单添加特效和通过【效果和预设】面板添加特效。

1. 通过菜单添加特效

选中需要添加特效的图层，然后选择【效果】菜单命令，在子菜单中选择一种效果命令(如【风格化】|【查找边缘】命令)，如图9-1所示，即可为选中的图层添加相应特效，如图9-2所示。

图9-1 通过菜单添加特效

图9-2 【查找边缘】效果

❖ 提示：

在After Effects中添加特效，一定要先选中需要添加特效的素材图层。同一个图层，可以被添加多个特效。如果需要为多个图层添加同一个特效，可以同时选中多个图层，然后执行添加特效操作。

2. 通过面板添加特效

在【效果和预设】面板中选择并拖动所需的效果(如【生成】|【镜头光晕】)到【合成】面板中的素材上，即可为当前素材添加相应的特效，如图9-3所示。

❖ 提示：

将特效直接拖到【合成】面板中的素材上时，只能添加到上方显示的对象上，如果需要将特效添加到下方图层的对象上时，可以将特效拖到图层列表中需要添加的图层上。

图9-3　拖动效果到素材上

【例9-1】添加特效。

01 新建一个项目，然后将所需素材导入【项目】面板中，如图9-4所示。

02 新建一个合成，在【合成设置】对话框中设置视频的宽度、高度和持续时间，如图9-5所示。

图9-4　导入素材

图9-5　设置合成参数

03 将导入的素材添加到图层列表中，如图9-6所示，在【合成】面板中预览图像效果，如图9-7所示。

图9-6　添加素材

图9-7　图像效果

04 打开【效果和预设】面板，展开【模糊和锐化】特效组，选中【径向模糊】效果，如图9-8所示。然后将【径向模糊】效果拖到【合成】面板中的影片上，可以预览径向模糊的默认效果，如图9-9所示。

图9-8　选中【径向模糊】效果　　　　　　　　　　图9-9　【径向模糊】默认效果

05 在【时间轴】面板的【图层】列表中展开【效果】|【径向模糊】选项组，可以显示该效果的属性，单击【类型】选项右侧的下拉按钮，在下拉列表中选择【缩放】选项，设置模糊类型为【缩放】，如图9-10所示。

06 在【合成】面板中可以预览【径向模糊】特效的缩放效果，如图9-11所示。

图9-10　修改径向模糊类型　　　　　　　　　　图9-11　【径向模糊】特效的缩放效果

9.1.2　设置特效

将特效添加到素材后，可以通过设置特效的选项来展现不同的效果。用户可以在【时间轴】面板的图层列表中设置特效参数(如图9-12所示)，也可以在【效果控件】面板中设置特效参数(如图9-13所示)。

图9-12　在图层列表中设置特效参数　　　　　　图9-13　在【效果控件】面板中设置特效参数

❖ 提示:

在【时间轴】面板中设置特效与在【效果控件】中设置特效的结果是相同的，只是在【时间轴】面板中还可以通过【合成选项】|【效果不透明度】选项来设置添加特效后的效果与原图像的合成效果。

常见的特效选项类型包括特效数值、特效颜色、特效控制器和特效坐标4种，下面分别进行介绍。

1. 设置特效数值

数值类的参数是After Effects特效中最常见的一种参数，这类参数选项一般可以通过拖动光标和输入数值两种方式进行设置。

【例9-2】设置特效数值。

01 新建一个项目，然后将所需素材导入【项目】面板中，如图9-14所示。

02 新建一个合成，将导入的素材添加到图层列表中，在【合成】面板中预览图像效果，如图9-15所示。

图9-14 导入素材 图9-15 预览图像效果

03 选中素材图层，然后选择【效果】|【模糊和锐化】|【高斯模糊】菜单命令，将【高斯模糊】特效添加到素材上，打开【效果控件】面板查看【高斯模糊】特效的参数，如图9-16所示。

04 将光标放置在【模糊度】参数的数值上方，此时光标的形状会由箭头形转换为手形，如图9-17所示。按住鼠标左键并左右移动光标，数值会随着光标的移动发生改变，如图9-18所示。

图9-16 【高斯模糊】特效 图9-17 光标的形状转换为手形 图9-18 通过拖动调整参数

05 将光标放置在模糊度参数的数值上方并单击。原数值的位置上会出现一个文本框，文本框内的数值变为可编辑状态，如图9-19所示。此时即可对数值进行修改，如图9-20所示。

06 通过修改模糊度的数值可以调整图像的模糊度，效果如图9-21所示。

图9-19 原数值变为可编辑状态　　图9-20 通过输入数值设置参数　　图9-21 图像的模糊效果

❖ **提示:**

　　当按下鼠标左键并左右移动光标时，光标的形状会由手形变为向左向右两个小箭头形。移动光标的过程中，向左移动时数值将减小，向右移动时数值将增大。

2. 设置特效颜色

　　特效的颜色参数一般存在于与颜色有关的特效参数中，该参数可以通过颜色面板和颜色拾取器两种方式进行设置。

【例9-3】 调整图像色彩。

01 新建一个项目，然后将所需素材导入【项目】面板中，如图9-22所示。

02 新建一个合成，将导入的素材添加到图层列表中，在【合成】面板中预览图像效果，如图9-23所示。

图9-22 导入素材　　　　　　　　　　图9-23 预览图像效果

　　03 选中素材所在的图层，选择【效果】|【颜色校正】|【三色调】菜单命令，在【效果控件】面板中将显示【三色调】特效参数，如图9-24所示，素材图片从彩色图像变为了只有白、棕、黑3种颜色的图像，效果如图9-25所示。

图9-24 【三色调】特效参数　　　　　图9-25 三色调特效效果

　　04 单击【中间调】选项对应的色块，将打开【中间调】颜色面板，将【中间调】的颜色设置为绿色，如图9-26所示，素材图片中的原中间调部分就变为了绿色，如图9-27所示。

图9-26 设置【中间调】颜色

图9-27 调整中间调后的效果(一)

05 单击【中间调】选项右侧的吸管按钮，光标形状会由箭头形状变为吸管形状，然后将光标放置在所需颜色上并单击，如图9-28所示，可以将素材图片中的【中间调】部分修改为相应颜色，如图9-29所示。

图9-28 通过颜色拾取器设置颜色

图9-29 调整中间调后的效果(二)

3. 设置特效控制器

在After Effects中，最常见的特效控制器是角度控制器，一般存在于与方向或角度有关的选项中。特效控制器选项可以通过输入其数值和调整控制器两种方式进行设置。

【例9-4】 设置特效控制器。

01 新建一个项目和一个合成，然后在【项目】面板中导入素材，如图9-30所示。

02 将素材添加到【时间轴】面板的【图层】列表中，在【合成】面板中对图像进行预览，效果如图9-31所示。

图9-30 导入素材

图9-31 图像效果

03 选中素材图层，然后选择【效果】|【风格化】|【画笔描边】菜单命令，在【效果控件】面板中展开【画笔描边】特效的参数，设置【画笔大小】值为5，如图9-32所示。

04 单击并拖动【描边角度】选项右方的角度控制器，可以对角度参数进行修改，如

图9-33所示。

图9-32　【画笔描边】特效参数

图9-33　通过控制器调整角度参数

<code>05</code> 单击【描边角度】选项右方的数值，数值将转换为可编辑状态，然后输入数字也可以对角度参数进行修改，如图9-34所示。

<code>06</code> 在【合成】面板中对图像的描边效果进行预览，效果如图9-35所示。

图9-34　通过输入数值修改角度参数

图9-35　图像描边效果

4. 设置特效坐标

坐标参数一般存在于与位置有关的参数中。这类参数可以通过输入数值和单击【坐标】按钮两种方式进行设置。

【例9-5】设置特效坐标。

<code>01</code> 新建一个项目和一个合成，然后在【项目】面板中导入素材，如图9-36所示。

<code>02</code> 将素材添加到【时间轴】面板的【图层】列表中，在【合成】面板中对图像进行预览，效果如图9-37所示。

图9-36　导入素材

图9-37　图像效果

<code>03</code> 选中素材所在的图层，然后选择【效果】|【扭曲】|【边角定位】菜单命令，为图层添加【边角定位】效果，在【效果控件】面板中展开【边角定位】特效参数，可以修改边

角的坐标。例如，修改【左上】的坐标为(326,260)，如图9-38所示，左上角的位置将发生改变，如图9-39所示。

图9-38　修改【左上】坐标　　　　　　　　　　　图9-39　左上角的变化效果

(4) 单击【右下】选项右方的【坐标】按钮，光标的形状由箭头形状变为十字坐标形状，然后将光标放置在需要设置右下角的位置并单击，如图9-40所示，即可修改右下角的位置，如图9-41所示。

图9-40　移动十字坐标　　　　　　　　　　　　图9-41　右下角的变化效果

9.1.3　编辑特效

在After Effects中，不仅可以对特效参数进行设置，还可以对添加的特效进行复制、删除和禁用等操作。

1. 复制特效

如果需要对多个对象应用同一个特效，或对同一对象多次运用相同特效时，可以先对某个对象添加特效并设置好参数，然后将设置好的特效进行复制。

复制特效的操作步骤如下。

01 在【效果控件】面板中选中需要复制的特效，然后选择【编辑】|【复制】菜单命令，或者按Ctrl+C组合键对该特效进行复制。

02 在【时间轴】面板的图层列表中选择需要添加该特效的图层，然后选择【编辑】|【粘贴】菜单命令，或者按Ctrl+V组合键对该特效进行粘贴，即可完成特效的复制操作。

2. 禁用特效

如果需要临时关闭图层中的某个特效，可以将其禁用。禁用特效可以用来观察某个图层应用特效前和应用特效后的对比效果。

在【时间轴】面板或【效果控件】面板中单击特效名称左侧的fx特效按钮，即可禁用该特效，如图9-42所示。当特效被禁用时，特效按钮显示为空，如图9-43所示，再次单击该按钮，该特效将被重新启用。

图9-42 单击fx按钮

图9-43 禁用特效

3. 删除特效

当确定不再使用图层中的某个特效时，就可以对该特效进行删除。在【时间轴】面板或【效果控件】面板中选中要删除的特效，然后选择【编辑】|【清除】菜单命令，或者直接按Delete键，即可将该特效删除。

9.2 常用特效

After Effects提供了上百种特效，下面将详细讲解较为常用的特效。

9.2.1 【风格化】类特效

【风格化】特效组主要通过修改原图像像素、对比度等为素材添加不同的效果。下面对比较常用的风格化特效进行讲解。

1. CC Burn Film

CC Burn Film特效用于模拟胶片熔化或燃烧的效果，图9-44和图9-45所示是对图像应用CC Burn Film特效前后的对比效果。

图9-44 素材效果

图9-45 CC Burn Film效果

CC Burn Film特效的属性参数如图9-46所示。

图9-46 CC Burn Film属性参数

CC Burn Film特效中主要参数的作用如下。

○ Burn：用于设置特效的完成程度，也就是图片被熔解或燃烧的程度。通过对该属性设置关键帧可以实现图片逐步熔解的动画效果。

○ Center：用于设置效果生成时的中心位置。

○ Random Seed：用于设置熔解效果产生斑点的随机性。通过对该属性设置关键帧可以实现斑点随机出现的动画效果。

2. CC Glass

CC Glass特效可以根据素材本身的明暗对比度，通过对光线、阴影等属性的设置，将其转化为模拟玻璃质感的图像，该特效的效果如图9-47所示，其属性参数如图9-48所示。

图9-47　CC Glass效果

图9-48　CC Glass属性参数

CC Glass特效中主要参数的作用如下。

○ Bump Map：用于选择产生玻璃效果所依据的图层。根据所选择图层的图像明暗度产生相应的玻璃效果纹路。

○ Property：用于选择玻璃效果产生时所依据的通道类型。

○ Softness：用于设置玻璃效果的柔和程度。

○ Height：用于设置玻璃效果边缘的凹凸程度。数值越大，玻璃凸出效果越明显。数值为负值时玻璃效果为凹陷效果。

○ Displacement：用于设置玻璃效果边缘的厚度。数值越大，边缘越厚，玻璃扭曲效果越明显。

○ Using：用于选择使用灯光的类型，这里有Effect Light(效果灯光)和AE Lights灯光两种类型。其中AE Lights灯光为固定参数灯光。

○ Light Intensity：用于控制灯光的强弱。数值越大，光线越强。

○ Light Color：用于设置灯光的颜色。

○ Light Type：用于选择灯光的类型。其中包括两种类型，分别是Distant(平行光)和Point(点光源)。

○ Light Height：用于设置灯光的高度。

○ Light Position：用于设置点光源的具体位置(只有选择Point选项时才会被启用)。

○ Light Direction：用于设置平行光的角度(只有选择Distant选项时才会被启用)。

○ Ambient：用于设置对光源的反射程度。

○ Diffuse：用于设置漫反射的值。

○ Specular：用来控制高光的强度。

○ Roughness：用来设置玻璃表面的粗糙程度。数值越大，生成的玻璃效果表面越有光泽。

○ Metal：用来设置玻璃材质的反光程度。

3. CC HexTile

CC HexTile特效可以将原素材图像转换为有规律的六边形组合效果，并将原素材的图案映射到每个六边形中，形成蜂窝状的新排列组合图形，该特效的效果如图9-49所示，其属性参数如图9-50所示。

图9-49　CC HexTile效果　　　　　　　　图9-50　CC HexTile属性参数

CC HexTile特效中主要参数的作用如下。

○ Render：用于选择六边形的映射方式。

○ Radius：用于设置六边形的多少和大小。该数值越大，单个六边形越大，相对地，六边形的个数越少。

○ Center：用于设置整体效果的中心点位置。

○ Rotate：用于设置六边形的角度。

○ Smearing：用于设置原素材图层被映射时的图案大小。

4. CC Mr. Smoothie

CC Mr. Smoothie特效可以通过原素材图层的色调和对比度来模拟制造融化的效果，该特效的效果如图9-51所示，其属性参数如图9-52所示。

图9-51　CC Mr. Smoothie效果　　　　　　图9-52　CC Mr. Smoothie属性参数

CC Mr. Smoothie特效中主要参数的作用如下。

○ Flow Layer：用于选择融化效果产生时所依据的图层。

○ Property：用于选择融化效果产生时所依据的通道类型。

○ Sample A/Sample B：用于设置效果产生时所依据的两个参考点。特效产生所依据的颜色会依据这两个参考点进行选取。

○ Phase：用来改变融化效果的角度。

○ Color Loop：用于选择颜色在融化效果中产生的形式。这里共有4种形式，分别是AB、BA、ABA和BAB。其中A和B指的是两个采样点。

5. 画笔描边

【画笔描边】特效可对原素材图像内部的线条进行识别，将图像内部的线条用特殊的样式勾画出来，并保留其余的部分样式，该特效的效果如图9-53所示，其属性参数如图9-54所示。

图9-53　【画笔描边】效果　　　　　　　　图9-54　【画笔描边】属性参数

【画笔描边】特效中主要参数的作用如下。

○ 描边角度：用于设置描边笔触的角度。

○ 画笔大小：用于设置描边时笔触的大小。

○ 描边长度：用于设置边缘笔触的长短。

○ 描边浓度：用于设置笔触的密度。

○ 描边随机性：通过调整该数值，可以使描边笔触不规则。

○ 绘画表面：用于选择描边绘画的方式。这里共有4种类型，分别是【在原始图像上绘画】【在透明背景上绘画】【在白色上绘画】和【在黑色上绘画】。

○ 与原始图像混合：用于设置效果与原始图像的混合程度。

6. 查找边缘

【查找边缘】和【画笔描边】特效都是对原素材图像内部的线条进行识别并添加效果。与【画笔描边】特效不同之处是，【查找边缘】是将图像内部的线条勾画出来，其余的部分转为白色，该特效的效果如图9-55所示，其属性参数如图9-56所示。

【查找边缘】特效中主要参数的作用如下。

○ 反转：选中该复选框后，【查找边缘】特效中被转为白色的部分将变成黑色。

○ 与原始图像混合：用于设置效果与原始图像的混合程度。

图9-55 【查找边缘】效果

图9-56 【查找边缘】属性参数

7. 散布

【散布】特效可以将原素材图像由边缘开始转换成颗粒并向四周扩散，该特效的效果如图9-57所示，其属性参数如图9-58所示。

图9-57 【散布】效果

图9-58 【散布】属性参数

【散布】特效中主要参数的作用如下。

○ 散布数量：用于设置散布颗粒的数量。

○ 颗粒：用于选择颗粒散布的方向。这里共有3个方向，分别是【两者】【水平】和【垂直】。

○ 散布随机性：选中【随机分布每个帧】复选框后，散布的颗粒会随机产生运动。

8. 彩色浮雕

【彩色浮雕】特效可以使原素材平面的图案产生浮雕效果，并保留了素材图案本身的颜色效果，该特效的效果如图9-59所示，其属性参数如图9-60所示。

图9-59 【彩色浮雕】效果

图9-60 【彩色浮雕】属性参数

【彩色浮雕】特效中主要参数的作用如下。

○ 方向：用于设置浮雕效果的方向。

○ 起伏：用于设置浮雕效果边缘的高低。

○ 对比度：用于设置浮雕效果的明显程度。

○ 与原始图像混合：用于设置效果与原始图像的混合程度。

9. 浮雕

【浮雕】特效与【彩色浮雕】特效都可以使原素材平面的图案产生浮雕的效果。与【彩色浮雕】特效不同之处是，【浮雕】特效将使整体画面转换为灰色，该特效的效果如图9-61所示，其属性参数如图9-62所示。

图9-61　【浮雕】效果

图9-62　【浮雕】属性参数

【浮雕】特效中主要参数的作用如下。

○ 方向：用于设置浮雕效果的方向。

○ 起伏：用于设置浮雕效果边缘的高低。

○ 对比度：用于设置浮雕效果的明显程度。

○ 与原始图像混合：用于设置效果与原始图像的混合程度。

10. 马赛克

【马赛克】特效是为原素材图层添加马赛克效果的特效，是一款非常实用的特效，该特效的效果如图9-63所示，其属性参数如图9-64所示。

图9-63　【马赛克】效果

图9-64　【马赛克】属性参数

【马赛克】特效中主要参数的作用如下。

○ 水平块：用于设置水平方向上的马赛克块数量。

○ 垂直块：用于设置垂直方向上的马赛克块数量。

○ 锐化颜色：选中该复选框后，马赛克后的画面颜色将被锐化。

11. 动态拼贴

【动态拼贴】特效可以将原素材图案进行复制，然后进行有规律的拼接，多用于背景画面的制作，该特效的效果如图9-65和图9-66所示，其属性参数如图9-67所示。

图9-65 原素材效果

图9-66 【动态拼贴】效果

图9-67 【动态拼贴】属性参数

【动态拼贴】特效中主要参数的作用如下。

○ 拼贴中心：用于设置效果的中心位置。

○ 拼贴宽度：用于设置原素材图案在拼贴时单个的宽度。

○ 拼贴高度：用于设置原素材图案在拼贴时单个的高度。

○ 输出宽度：用于设置整体拼贴效果的宽度。

○ 输出高度：用于设置整体拼贴效果的高度。

○ 镜像边缘：选中该复选框后，复制拼贴时将原素材图像进行镜像拼贴。

○ 相位：用于调整拼贴的竖向排列模式。

○ 水平位移：选中该复选框后，【相位】将用来调整拼贴的水平排列模式。

12. 纹理化

【纹理化】特效用于将一个素材的图像(如图9-68所示)映射到另一个图像上(如图9-69所示)，形成浮雕效果，如图9-70所示。

图9-68 素材一效果

图9-69 素材二效果

图9-70 【纹理化】效果

【纹理化】特效的属性参数如图9-71所示，主要参数的作用如下。

○ 纹理图层：用于选择纹理效果所依据的图层，如图9-72所示。

○ 灯光方向：用于设置纹理的灯光方向。

○ 纹理对比度：用于设置纹理的明显程度。

○ 纹理位置：用于设置纹理效果相对于原素材图层的位置。

图9-71 【纹理化】属性参数

图9-72 选择纹理依据的图层

9.2.2 【生成】类特效

【生成】特效组可以直接产生一些图像效果，或者将素材本身转换成一些特殊效果，此外也可以与音频图形相结合来制作一些视频特效。下面对比较常用的生成特效进行讲解。

1. 单元格图案

【单元格图案】特效可以生成一些动态纹理效果或者将原素材转换为某种纹理效果，可以模拟制造血管、微生物等效果，也可以当作马赛克效果使用，该特效的效果如图9-73所示，其属性参数如图9-74所示。

图9-73 【单元格图案】效果

图9-74 【单元格图案】属性参数

【单元格图案】特效中主要参数的作用如下。

○ 单元格图案：可以选择要生成的图案类型，共有12种类型可选。

○ 反转：选中该复选框后，可以对生成的图案效果进行颜色反转。

○ 对比度：用来设置图案的明暗对比度。

○ 溢出：用来选择图案之间空隙处的呈现方式。其中共有3种方式，分别是【剪切】【柔和固定】和【反绕】。

○ 分散：用来设置生成图案的分散程度。数值越小越整齐，数值越大越混乱。

○ 大小：用来设置单个图案的大小。

○ 偏移：用来调整生成图案的中心点位置。

○ 平铺选项：选中该复选框后可以调整图案的平铺效果。这里共有两个参数，分别是【水平单元格】和【垂直单元格】。

○ 演化：改变该参数数值，并为其设置关键帧，可以生成图案随机运动的动画。

○ 演化选项：可以设置图案动画的效果。这里共有3个参数，【循环演化】可以使演化动画循环播放，【循环(旋转次数)】用来设置循环的次数，【随机植入】用来设置演化的随机效果。

2. 描边

【描边】特效为蒙版遮罩的边框制作描边效果，可以通过设置关键帧来模拟书写动画效果，如图9-75和图9-76所示。【描边】特效的属性参数如图9-77所示。

图9-75 【描边】效果(一)

图9-76 【描边】效果(二)

图9-77 【描边】属性参数

【描边】特效中主要参数的作用如下。

- 路径：用来选择添加描边特效的蒙版。
- 所有蒙版：选中该复选框后，原图层中所有蒙版都会被添加描边效果。
- 顺序描边：选中该复选框后，蒙版之间的效果将依次进行展示；不选中时将同时显示效果。
- 颜色：设置描边的颜色。
- 画笔大小：设置描边的粗细。
- 画笔硬度：设置描边边缘的清晰度，该数值越大，边缘越清晰。
- 不透明度：设置描边效果的不透明度。
- 起始：设置描边效果的开始位置。
- 结束：设置描边效果的结束位置。为该选项设置关键帧动画，可以生成模拟书写效果的动画。

3. 勾画

【勾画】特效可以在物体周围生成光圈效果，可以利用该特效制作镜面反光动画，图9-78和图9-79所示是对图像应用【勾画】特效前后的对比效果。【勾画】特效的属性参数如图9-80所示。

图9-78 素材效果

图9-79 【勾画】效果

图9-80 【勾画】属性参数

【勾画】特效中主要参数的作用如下。

- 描边：用来选择勾画效果形成的依据。其中包括两种模式，分别是【图像等高线】和【蒙版/路径】。
- 图像高等线：通过修改不同参数的数值来调整特效的整体效果。
- 蒙版/路径：通过图层的蒙版或路径来添加效果。
- 片段：限制勾画路径的线条数量。
- 长度：限制勾画路径的线段长度。
- 片段分布：用来选择勾画路径线段的分布方式。这里共有两种方式，分别是【均匀分布】和【成簇分布】。
- 旋转：用来设置路径线段的旋转角度。
- 混合模式：用来选择效果与原图层之间的混合模式。其中包括4种模式，分别是【透明】【超过】【曝光不足】和【模板】。
- 颜色：用来设置勾画路径的颜色。
- 宽度：用来设置勾画路径的粗细。
- 硬度：用来设置勾画路径边缘的羽化程度。
- 起始点不透明度/中点不透明度/结束点不透明度：分别调整三个点位置效果的不透明度。
- 中点位置：用来调整中点的位置。

4. 写入

【写入】特效可以通过设置关键帧来模拟书写动画的效果，该特效的效果如图9-81和图9-82所示。【写入】特效的属性参数如图9-83所示。

图9-81 【写入】效果(一)　　　　图9-82 【写入】效果(二)　　　　图9-83 【写入】属性参数

【写入】特效中主要参数的作用如下。

- 画笔位置：用来设置画笔的位置。调整画笔位置并设置关键帧，即可创建画笔的运动路径。
- 颜色：用来设置绘制的路径的颜色。
- 画笔大小：用来设置绘制的路径的宽度。
- 画笔硬度：用来设置绘制的路径边缘的模糊度。
- 画笔不透明度：用来设置路径的不透明度。
- 描边长度(秒)：用来设置画笔在每秒钟绘制路径的长度。
- 画笔间距(秒)：加大该参数数值，可以将实线路径变为虚线路径。

○ 绘画时间属性：可以选择绘制时间的类型。这里共有3种类型，分别是【无】【不透明度】和【颜色】。

○ 画笔时间属性：可以选择画笔时间的类型。这里共有4种类型，分别是【无】【大小】【硬度】和【大小和硬度】。

○ 绘画样式：可以选择绘制路径呈现的模式。这里共有3种模式，分别是【在原始图像上】【在透明通道上】【显示原始图像】。

5. 四色渐变

【四色渐变】特效可以为原素材图层覆盖4种颜色的渐变效果，该特效的效果如图9-84所示，其属性参数如图9-85所示。

图9-84 【四色渐变】效果

图9-85 【四色渐变】属性参数

【四色渐变】特效中主要参数的作用如下。

○ 点1/2/3/4：用来设置4种颜色的中心点位置。

○ 颜色1/2/3/4：用来设置4种颜色。

○ 混合：用来设置4种颜色的混合程度，该数值越大，混合度越高。

○ 抖动：用来调整4种颜色产生噪点的大小。

○ 不透明度：用来设置4种颜色的不透明度。

○ 混合模式：用来选择颜色效果层与原图层之间的混合模式，这里提供了18种模式。

6. 棋盘

【棋盘】特效可以生成棋盘的纹理效果，该特效的效果如图9-86所示，其属性参数如图9-87所示。

图9-86 【棋盘】效果

图9-87 【棋盘】属性参数

【棋盘】特效中主要参数的作用如下。

- 锚点：用来设置纹理的中心点位置。
- 大小依据：用来选择纹理的类型。其中共有3种选项，分别是【边角点】【宽度滑块】和【宽度和高度滑块】。
- 宽度：用来设置单个纹理方块的宽度。
- 高度：用来设置单个纹理方块的高度。
- 羽化：用来设置边缘部分的羽化程度。
- 颜色：用来选择纹理的颜色。
- 不透明度：用来设置纹理的不透明度。
- 混合模式：用来设置纹理与原图层的混合模式，共有19种混合模式可选。

7. 油漆桶

【油漆桶】特效可对原图层的某个区域进行颜色填充，该特效的效果如图9-88所示，其属性参数如图9-89所示。

图9-88　【油漆桶】效果

图9-89　【油漆桶】属性参数

【油漆桶】特效中主要参数的作用如下。

- 填充点：用来选择填充区域的中心点位置。
- 填充选择器：用来设置选取区域的依据。其中共有5种类型，分别是【颜色和Alpha】【直接颜色】【透明度】【不透明度】和【Alpha通道】。
- 容差：用来设置填充颜色区域的范围大小。
- 描边：用来选择填充颜色区域边缘部分的效果。其中共有5种效果，分别是【消除锯齿】【羽化】【扩展】【阻塞】和【描边】。
- 反转填充：选中该复选框后，填充颜色的区域将进行反转。
- 颜色：用来设置填充的颜色。
- 不透明度：用来设置填充颜色的不透明度。
- 混合模式：用来选择填充颜色与原图层之间的混合模式。其中共有19种模式可选。

9.2.3　【透视】类特效

透视类特效主要是为素材添加透视效果，使二维平面素材产生各种三维透视变换效果。下面对比较常用的透视特效进行讲解。

1. 3D眼镜

【3D眼镜】特效可以将两个原素材图层(如图9-90和图9-91所示)以多种模式结合在一起，模拟三维透视的效果，如图9-92所示。

图9-90 素材一效果

图9-91 素材二效果

图9-92 【3D眼镜】效果

【3D眼镜】特效的属性参数如图9-93所示。

图9-93 【3D眼镜】属性参数

【3D眼镜】特效中主要参数的作用如下。

- ❍ 左视图/右视图：用于设置左右两侧显示的素材。
- ❍ 场景融合：用于设置两个素材在场景中的左右偏移数值。
- ❍ 垂直对齐：用于设置两个素材在场景中的上下偏移数值。
- ❍ 单位：用于选择参数的单位。这里有【像素】和【源的%】两种单位。
- ❍ 左右互换：选中该复选框后，左右素材将进行位置对调。
- ❍ 3D视图：用于选择左右图像的叠加方式。
- ❍ 平衡：用于调节叠加效果的程度。

2. 径向阴影

【径向阴影】特效可以根据素材Alpha通道边缘为图像添加阴影效果，图9-94和图9-95所示是对文字素材应用【径向阴影】特效前后的对比效果。

图9-94 素材效果

图9-95 【径向阴影】效果

【径向阴影】特效的属性参数如图9-96所示。【径向阴影】特效中主要参数的作用如下。

- 阴影颜色：用于设置阴影的颜色。
- 不透明度：用于设置阴影的不透明度。
- 光源：用于设置光源的位置。根据光源位置的变换，阴影的位置和大小也会发生改变。
- 投影距离：用于设置阴影和原素材图层之间的距离。
- 柔和度：用于调整阴影边缘的羽化程度。
- 渲染：用于选择不同的渲染方式，其中包括【常规】和【玻璃边缘】两种方式，如图9-97所示。
- 颜色影响：选择【玻璃边缘】模式时，该选项被启用，用于调整原素材图层的颜色对玻璃边缘效果的影响程度。
- 仅阴影：选中该复选框后，原素材图层被隐藏，仅显示阴影部分。

图9-96　【径向阴影】属性参数

图9-97　渲染方式

3. 投影

【投影】特效可以为素材图像添加阴影效果，如图9-98所示。【投影】特效与【径向阴影】特效的效果和属性相似，但不具有【玻璃边缘】效果，该特效的属性参数如图9-99所示。

图9-98　【投影】效果

图9-99　【投影】属性参数

4. 斜面Alpha

【斜面Alpha】特效通过对原素材的边缘制造圆角斜面效果，从而形成类似立体的图案，图9-100所示是对文字素材应用【斜面Alpha】特效的效果。【斜面Alpha】特效的属性参数如图9-101所示。

图9-100 【斜面Alpha】效果

图9-101 【斜面Alpha】属性参数

【斜面Alpha】特效中主要参数的作用如下。

○ 边缘厚度：用于设置斜面的宽度。

○ 灯光角度：用于设置照亮素材的灯光角度。

○ 灯光颜色：用于设置照亮素材的灯光颜色。

○ 灯光强度：用于设置照亮素材的灯光强度。

9.2.4 【扭曲】类特效

扭曲类特效主要是使素材图像产生扭曲、拉伸、挤压等变形效果，从而制造更丰富的画面效果。下面对比较常用的扭曲特效进行讲解。

1. CC Bend It

CC Bend It特效用于截取素材的一部分并将其弯曲。图9-102和图9-103所示是对图像应用CC Bend It特效前后的对比效果。

图9-102 素材效果

图9-103 CC Bend It效果

CC Bend It特效的属性参数如图9-104所示。

CC Bend It特效中主要参数的作用如下。

○ Bend：用于设置素材图像的弯曲程度。为该参数设置动画关键帧，可以实现图像逐渐弯曲的动态效果。

○ Start：用于设置弯曲效果中心点的位置。该位置在创建动画时固定不动。

○ End：用于设置弯曲效果尾端的位置。该位置在创建动画时围绕着Start中心点进行旋转。

○ Render Prestart：用于选择对原图层进行截取的方式，共有4种方式，如图9-105所示。None用于选择原图层中心点右侧的图像；Static用于选择原图层中心点两侧的图像，仅有右侧图像可以进行弯曲；Bend用于选择原图层中心点两侧的图像，两侧可以同时弯曲；Mirror用于选择原图层中心点右侧的图像，并将其镜像到左侧，两侧可以同时弯曲。

- Distort：用于选择图像在进行弯曲时的方式。其中共有两种方式，分别是Legal普通方式和Extended伸展弯曲方式，如图9-106所示。

图9-104　CC Bend It属性参数　　　图9-105　4种Render Prestart方式　　　图9-106　两种Distort方式

2. CC Lens

CC Lens特效可以为素材图层添加球形镜头扭曲的效果，该特效的效果如图9-107所示，其属性参数如图9-108所示。

图9-107　CC Lens效果　　　　　　　　　　图9-108　CC Lens属性参数

CC Lens特效中主要参数的作用如下。

- Center：用于设置扭曲效果的中心点。
- Size：用于设置球形整体的大小。
- Convergence：用于设置扭曲的程度。

3. CC Page Turn

CC Page Turn特效可以制作翻页效果动画，该特效的效果如图9-109所示，其属性参数如图9-110所示。

图9-109　CC Page Turn效果　　　　　　　图9-110　CC Page Turn属性参数

CC Page Turn特效中主要参数的作用如下。

○ Controls：用于选择翻页效果的类型。其中共有5种类型，分别是经典翻页、左上角翻页、右上角翻页、左下角翻页、右下角翻页。选择经典翻页模式时，会有更多的参数被开启，可以更细致地调整效果。

○ Fold Position：用于设置翻页效果所在的位置。为该参数设置动画关键帧，可以实现翻页的动态效果。

○ Fold Direction：用于设置翻页时的角度。该控件只有在选择经典翻页模式时才会被启用。

○ Fold Radius：用于设置翻页时折叠线处的柔和程度。

○ Light Direction：用于设置折叠线处反光的角度。

○ Render：用于选择效果被显示出来的部分。其中共有3个选项，分别是【Front & Back Page】全部显示、【Back Page】只显示翻页效果部分、【Front Page】只显示未被翻动的部分。

○ Back Page：可以选择原图层背面的图像。

○ Back Opacity：用于设置翻页效果背面图像的不透明度。

○ Paper Color：用于设置翻页效果背面的颜色。

4. 球面化

【球面化】特效可以为原素材的某个部位制造球面凸起效果，该特效的效果如图9-111所示，其属性参数如图9-112所示。

图9-111　【球面化】效果　　　　　　　　　图9-112　【球面化】属性参数

【球面化】特效中主要参数的作用如下。

○ 半径：用于设置球面效果的半径大小。

○ 球面中心：用于设置球面效果的中心点位置。

5. 镜像

【镜像】特效可以模拟镜子反射的效果，将原素材图像的某个区域进行复制且对称显示，该特效的效果如图9-113所示，其属性参数如图9-114所示。

图9-113 【镜像】效果

图9-114 【镜像】属性参数

【镜像】特效中主要参数的作用如下。
- 反射中心：用于设置反射效果的中心点位置。
- 反射角度：用于设置反射效果相对于原素材的角度。

6. 湍流置换

【湍流置换】特效可以将平面素材转换为波纹扭曲效果，还可为波纹创建运动动画，该特效的效果如图9-115所示，其属性参数如图9-116所示。

图9-115 【湍流置换】效果

图9-116 【湍流置换】属性参数

【湍流置换】特效中主要参数的作用如下。
- 置换：用于选择波纹纹路的类型。
- 数量：用于设置波纹的密集程度。
- 大小：用于设置波纹效果的大小。
- 偏移(湍流)：用于设置效果中心点的位置。
- 复杂度：用于设置波纹效果的复杂程度。
- 演化：通过为该参数设置关键帧动画，可以使波纹效果运动起来。
- 演化选项：用于设置演化时的参数依据。

7. 旋转扭曲

【旋转扭曲】特效可以将原素材转换为旋涡效果，该特效的效果如图9-117所示，其属性参数如图9-118所示。

图9-117 【旋转扭曲】效果

图9-118 【旋转扭曲】属性参数

【旋转扭曲】特效中主要参数的作用如下。

○ 角度：用于调整扭曲的方向和程度。

○ 旋转扭曲半径：用于设置旋涡效果半径的大小。

○ 旋转扭曲中心：用于设置旋涡效果中心点的位置。

8. 波形变形

【波形变形】特效可以为原素材图层添加水平波浪效果，该特效的效果如图9-119所示，其属性参数如图9-120所示。

图9-119 【波形变形】效果

图9-120 【波形变形】属性参数

【波形变形】特效中主要参数的作用如下。

○ 波浪类型：用于选择波浪的种类，共有9种类型可选。

○ 波形高度/波形宽度：用于设置波浪的高度和宽度。

○ 方向：用于设置波浪的方向。

○ 波形速度：用于设置波浪效果在生成动画后的运动速度。

○ 固定：用于选择图像中不受波浪效果影响的区域。

○ 相位：用于设置波浪扩散的方向。为该参数添加动画关键帧，可以模拟波浪扩散的效果。

○ 消除锯齿(最佳品质)：用于选择添加特效后图像的品质，共有【低】【中】和【高】3个选项。

9. 波纹

【波纹】特效可以为原素材图层添加圆形水波纹效果，该特效的效果如图9-121所示，其属性参数如图9-122所示。

图9-121 【波纹】效果

图9-122 【波纹】属性参数

【波纹】特效中主要参数的作用如下。

○ 半径：用于设置波纹效果的整体大小。该数值越大，扩散的范围越大。

○ 波纹中心：用于设置波纹效果的中心点位置。

○ 转换类型：用于选择波纹的类型，共有两种类型，分别是【对称】和【不对称】。

○ 波形速度：用于设置波纹效果在生成动画后的运动速度。

○ 波形宽度：用于设置波纹之间的宽度。

○ 波形高度：用于设置波纹的密度。

○ 波纹相：用于设置波纹扩散的角度。为该参数添加动画关键帧，可以模拟波纹扩散的效果。

10. 边角定位

【边角定位】特效可以使图像的四个顶点发生位移，以达到变形画面的效果。该特效的效果如图9-123所示，其属性参数中的4个选项分别代表图像四个顶点的坐标，如图9-124所示。

【边角定位】特效中各参数的作用如下。

○ 左上：设置图像左上角的坐标位置。

○ 右上：设置图像右上角的坐标位置。

○ 左下：设置图像左下角的坐标位置。

○ 右下：设置图像右下角的坐标位置。

图9-123 【边角定位】效果

图9-124 【边角定位】属性参数

11. 置换图

【置换图】特效可以根据指定的控件图层中的像素颜色值置换像素，从而扭曲图层中的图像，其扭曲效果取决于选择的控件图层和选项设置。以图9-125所示的图像作为置换素材，得到的置换效果如图9-126所示。【置换图】特效的属性参数如图9-127所示。

图9-125 置换素材

图9-126 置换效果

图9-127 【置换图】属性参数

【置换图】特效中主要参数的作用如下。

○ 置换图层：用于选择产生置换效果所依据的图层。

○ 用于水平置换/用于垂直置换：分别用于选择水平和垂直方向置换效果产生所依据的模式。

○ 最大水平置换/最大垂直置换：分别用于设置水平和垂直方向上置换效果的明显程度。

○ 置换图特性：可以选择置换图层的映射方式。这里共有3种方式，分别是【中心图】【伸缩对应图以适合】和【拼贴图】。

9.2.5 【模糊和锐化】类特效

模糊和锐化类特效主要通过改变原素材的模糊度或清晰度来生成特殊的艺术效果，从而创建更丰富的画面效果。根据使用效果的不同，模糊和锐化的效果和区域也不同，用户也可以通过关键帧的设置来实现模糊与清晰之间的动画效果。下面对比较常用的模糊和锐化特效进行讲解。

1. CC Cross Blur

CC Cross Blur特效可以为原素材创建水平或垂直方向上的模糊效果，如图9-128和图9-129所示。CC Cross Blur特效的属性参数如图9-130所示。

图9-128 素材效果

图9-129 CC Cross Blur效果

图9-130 CC Cross Blur属性参数

CC Cross Blur特效中主要参数的作用如下。

○ Radius X：用于设置水平方向上的模糊程度。

○ Radius Y：用于设置垂直方向上的模糊程度。

○ Transfer Mode：用于选择模糊效果与原素材图像之间的混合模式。

○ Repeat Edge Pixels：选中该复选框，可以使模糊掉的边缘部分清晰显示。

2. CC Radial Blur

CC Radial Blur特效可以为原素材图像创建径向的模糊效果，如图9-131和图9-132所示。CC Radial Blur特效的属性参数如图9-133所示。

图9-131　CC Radial Blur效果(一)　　　图9-132　CC Radial Blur效果(二)　　　图9-133　CC Radial Blur属性参数

CC Radial Blur特效中主要参数的作用如下。

- Type：用于选择镜像模糊的类型。其中共有7种类型，每个类型都可以生成不同样式的模糊效果。
- Amount：用于设置模糊的程度。
- Quality：用于设置模糊的质量。
- Center：用于设置效果的中心点位置。

3. CC Vector Blur

CC Vector Blur特效可以为原素材图像创建矢量模糊效果，该特效根据原素材图像的颜色将图像进行色块模糊，从而形成矢量模糊效果，如图9-134所示，其属性参数如图9-135所示。

图9-134　CC Vector Blur效果　　　　　图9-135　CC Vector Blur属性参数

CC Vector Blur特效中主要参数的作用如下。

- Type：用于选择矢量模糊的类型。
- Amount：用于设置模糊的程度。
- Angle Offset：用于设置模糊的角度偏移。
- Ridge Smoothness：用于调整模糊边缘的平滑度。
- Vector Map：用于选择图层作为矢量模糊产生时的依据。
- Property：用于选择矢量模糊在生成时所依据的图层通道类型。
- Map Softness：用于设置Vector Map中选择图层所生成模糊的柔化程度。

4. 复合模糊

【复合模糊】特效可以根据参考图层的颜色和对比度，使原素材图层产生模糊效果，如

图9-136所示，其属性参数如图9-137所示。

图9-136 【复合模糊】效果　　　　　　　　　图9-137 【复合模糊】属性参数

【复合模糊】特效中主要参数的作用如下。

- 模糊图层：用来选择模糊产生时所依据的参考图层。
- 最大模糊：用于设置模糊的强度。
- 伸缩对应图以适合：选中该复选框后，可以将参考图层和原素材图层的大小进行调整，使二者统一。
- 反转模糊：选中该复选框后，模糊效果将被反转。

5. 通道模糊

【通道模糊】特效通过对素材图层中不同的颜色通道进行模糊处理实现不同的模糊效果，图9-138所示是对红色通道进行模糊的效果，该特效的属性参数如图9-139所示。

图9-138 【通道模糊】效果　　　　　　　　　图9-139 【通道模糊】属性参数

【通道模糊】特效中主要参数的作用如下。

- 红色模糊度/绿色模糊度/蓝色模糊度/Alpha模糊度：分别用于设置红色通道、绿色通道、蓝色通道、Alpha通道的模糊程度。
- 边缘特性：选中【重复边缘像素】复选框后，原素材图层的边缘部分将不受模糊效果的影响。
- 模糊方向：用来选择模糊效果的方向。其中共有【水平和垂直】【水平】和【垂直】3个方向。

6. 径向模糊

【径向模糊】特效与CC Radial Blur特效相似，都是为原素材图层创建径向旋转模糊效果，如图9-140所示。不同之处在于【径向模糊】特效的属性参数中有一个控制器，可以直观地查看设置效果，如图9-141所示。

图9-140　【径向模糊】效果

图9-141　【径向模糊】属性参数

【径向模糊】特效中主要参数的作用如下。

○ 数量：用来调整变形效果的模糊程度。

○ 中心：用于设置镜像效果的中心点位置。

○ 类型：用来选择效果的类型。

○ 消除锯齿(最佳品质)：用来选择对效果产生锯齿的消除程度。

7. 锐化

【锐化】特效可以提高原素材图像的对比度和清晰度，该特效的效果如图9-142所示，其属性参数中只有【锐化量】一个参数，用于设置锐化的程度，如图9-143所示。

图9-142　【锐化】效果

图9-143　【锐化】属性参数

9.3　上机练习

通过本章的学习，读者需要掌握特效的基本操作和熟悉常用的特效。下面将通过制作镜头光晕和太空飞人案例，巩固练习本章所学的知识。

9.3.1　制作镜头光晕

案例名称：	镜头光晕
文件路径：	第9章\镜头光晕
技术掌握：	【镜头光晕】特效、特效坐标的设置

本案例将通过制作镜头光晕效果，练习【镜头光晕】特效的应用，以及设置特效坐标的方法。本例的最终效果如图9-144所示。

图9-144 案例效果

01 新建一个项目和一个合成，然后在【项目】面板中导入素材，如图9-145所示。

02 将素材添加到【时间轴】面板的【图层】列表中，在【合成】面板中对图像进行预览，效果如图9-146所示。

图9-145 导入素材

图9-146 图像效果

03 选中素材所在的图层，然后选择【效果】|【生成】|【镜头光晕】菜单命令，可以为选择的图层添加镜头光晕效果，如图9-147所示，在【效果控件】面板中展开【镜头光晕】特效的参数，如图9-148所示。

图9-147 【镜头光晕】效果

图9-148 【镜头光晕】特效参数

04 单击【光晕中心】选项右侧的【坐标】按钮 ⊕，光标将由箭头形状变为十字坐标形状，然后将光标放置在需要设置光晕中心的位置并单击，如图9-149所示，即可设置光晕中心的位置，其坐标参数将发生相应变化，效果如图9-150所示。

图9-149　移动十字坐标　　　　　　　　　　图9-150　修改光晕中心位置后的效果

9.3.2　制作太空飞人

案例名称:	制作太空飞人
文件路径:	第9章\太空飞人
技术掌握:	CC Radial Blur特效的应用、设置特效关键帧

　　本案例将通过制作太空飞人，练习CC Radial Blur特效的应用和设置特效关键帧的方法。本例的最终效果如图9-151所示。

图9-151　案例效果

　　01 新建一个项目，然后导入【飞行.psd】素材，在导入该素材时设置导入种类为【合成-保持图层大小】，如图9-152所示。

　　02 选择【合成】|【新建合成】菜单命令，在打开的【合成设置】对话框中设置【预设】为NTSC DV，设置【持续时间】为0:00:06:00，如图9-153所示，然后单击【确定】按钮，建立一个新的合成。

图9-152 设置素材的导入种类

图9-153 新建合成

03 将导入的素材添加到【时间轴】面板的【图层】列表中,并按照图9-154所示的顺序进行排列,在【合成】面板中对图像进行预览,效果如图9-155所示。

图9-154 将素材添加到【图层】列表中

图9-155 图像效果

04 将时间指示器调整至0:00:00:00的位置,在【图层】列表中选中上方第一个图层,展开【变换】选项组,然后单击【位置】和【缩放】选项左侧的【关键帧控制器】按钮◎,在当前时间添加一个关键帧,并设置其参数如图9-156所示。

05 将时间指示器调整至0:00:05:00的位置,然后修改【位置】和【缩放】选项参数,并在当前时间添加一个关键帧,如图9-157所示。

图9-156 设置关键帧(一)

图9-157 设置关键帧(二)

06 按空格键对影片进行播放,在【合成】面板中可以预览图像的运动效果,如图9-158所示。

图9-158 飞行动画效果

07 在【图层】列表中选中下方的图层，然后选择【效果】|【模糊和锐化】|CC Radial Blur菜单命令，为素材添加CC Radial Blur效果。

08 在【时间轴】面板的【图层】列表中展开【效果】|CC Radial Blur选项组，可以显示添加的效果，然后将模糊类型设置为Straight Zoom(缩放)，如图9-159所示。

图9-159 设置CC Radial Blur效果

09 将时间指示器调整至0:00:00:00的位置，然后在【时间轴】面板中单击Amount(数量)选项左侧的【关键帧控制器】按钮，在当前时间添加一个关键帧，如图9-160所示。

10 将时间指示器调整至0:00:05:29的位置，将Amount(数量)的参数修改为60，并自动添加一个关键帧，如图9-161所示。

图9-160 设置关键帧(一)

图9-161 设置关键帧(二)

11 按空格键对影片进行播放，在【合成】面板中可以预览飞行动画效果，如图9-162所示。

图9-162 飞行动画效果

9.4 习题

1. 设置特效数值参数有哪几种方式？具体操作方法是什么？

2. 设置颜色拾取器的参数有哪几种方式？具体操作方法是什么？

3. 设置特效控制器有哪几种方式？具体操作方法是什么？

4. 设置特效坐标有哪几种方式？具体操作方法是什么？

5. 如何复制特效及其参数？

6. 如果只是暂时取消图层上的某个特效，应该如何操作？

7. 【波形变形】特效与【波纹】特效有什么区别？

8. 【径向模糊】特效与CC Radial Blur特效有何相同之处和不同之处？

9. 创建一个项目和一个合成，然后导入素材，练习应用本章讲解的常用特效。

第 10 章

视频过渡

将视频作品中的一个场景切换到另一个场景，仅对素材进行简单的切换是不够的，通常还需要在不同的镜头间加入过渡效果，将一个场景逐渐淡入另一个场景中。本章将讲解【过渡】特效的添加方法和常用【过渡】特效的应用。

本章重点

○ 【过渡】特效的添加方法
○ 常用【过渡】特效的应用

10.1 视频过渡的原则

将视频作品中的一个场景过渡到另一个场景就是一次极好的视频切换。一组镜头一般是在同一时空中完成的，因此时间和地点就是场景切换的很好依据。当然有时候在同一时空中也可能有好几组镜头，也就有好几个场面，而情节段落则是按情节发展结构的起承转换等内在节奏来过渡的。

10.1.1 时间的转换

影视节目中的拍摄场面，如果在时间上发生转移，有明显的省略或中断，就可以依据时间的中断来划分场面。在镜头语言的叙述中，时间的转换一般是很快的，这期间转换的时间中断处，就可以是场面的转换处。

10.1.2 空间的转换

在叙事场景中，经常要做空间转换，一般每组镜头段落都是在不同的空间里拍摄的，如脚本里的内景、外景、居室、沙滩等，故事片中的布景也随场面的不同而随时更换。因此空间的变更就可以作为场面的划分处。如果空间变了，还不做场面划分，又不用某种方式暗示观众，就可能会引起混乱。

10.1.3 情节的转换

一部影视作品的情节结构由内在线索发展而成，一般来说都有开始、发展、转折、高潮、结束的过程。这些情节的每一个阶段，就形成一个个情节的段落，无论是倒叙、顺叙、插叙、闪回、联想，都离不开情节发展中的一个阶段性的转折，可以依据这点来做情节段落的划分。

总之，场面和段落是影视作品中基本的结构形式，作品里内容的结构层次依据段落来表现。因此，场面过渡首先是叙述内在逻辑上的要求，同时也是叙述外在节奏上的要求。

10.2 添加与设置过渡特效

要使两个素材的切换更加自然、变化更丰富，就需要加入After Effects提供的各种过渡效果，达到丰富画面的目的。

10.2.1 添加过渡特效

过渡特效主要为视频添加转场效果，用于实现视频镜头的转换效果。After Effects的过渡特效可以直接添加在图层之上，并且具有丰富的转场效果。在After Effects中为素材添加视频过渡效果的方法有如下两种。

1. 通过菜单命令添加视频过渡特效

在图层列表中选中要添加视频过渡的图层，然后选择【效果】|【过渡】菜单命令，在弹

出的子菜单命令中选择所需的过渡效果，如图10-1所示。

2. 通过功能面板添加视频过渡特效

打开【效果和预设】面板，展开【过渡】选项组，在其中选择需要的过渡特效，将其拖到需要添加过渡特效的图层上即可，如图10-2所示。

图10-1　通过菜单命令添加视频过渡　　　　图10-2　通过功能面板添加视频过渡

【例10-1】为素材添加过渡效果。

01 新建一个项目，然后将所需素材导入【项目】面板中，如图10-3所示。

02 将素材直接拖入【时间轴】面板中，创建新的合成，如图10-4所示。

图10-3　导入素材　　　　　　　　图10-4　在【时间轴】面板中添加素材

03 在图层列表中选中第一个图层，然后选择【效果】|【过渡】|【块溶解】菜单命令，如图10-5所示，在第一个图层上添加【块溶解】特效，在图层列表中可以查看添加的特效，如图10-6所示。

图10-5　选择【块溶解】过渡特效　　　　图10-6　查看【块溶解】过渡特效

04 在图层列表中设置特效的【过渡完成】参数，可以显示特效的过渡效果，如图10-7和图10-8所示是设置【过渡完成】参数值分别为15%和85%的效果。

图10-7 【块溶解】过渡效果(一)

图10-8 【块溶解】过渡效果(二)

10.2.2 设置过渡特效

在After Effects中制作视频过渡效果的方法与其他视频编辑软件不同，它的过渡特效需要通过设置关键帧，并在不同关键帧位置设置不同的过渡完成百分比来实现过渡，如图10-9和图10-10所示。

图10-9 设置【过渡完成】关键帧(一)

图10-10 设置【过渡完成】关键帧(二)

❖ 提示:

在图层上添加过渡特效后，在过渡特效的属性中有一个【过渡完成】选项或Completion选项，大部分过渡特效的该选项默认值为0，意味着过渡效果还未开始，因此不会产生任何变化，只有当【过渡完成】值为100%时，过渡效果才完成。

【例10-2】制作百叶窗过渡。

01 新建一个项目，将所需素材导入【项目】面板中，然后将素材直接拖入【时间轴】面板中，如图10-11所示，在【合成】面板中预览图像效果，如图10-12所示。

图10-11 添加素材

图10-12 图像效果

02 在【效果和预设】面板中展开【过渡】特效组，然后选择【百叶窗】特效，如图10-13所示，将其添加到第一个图层上，将【宽度】参数设置为80，如图10-14所示。

图10-13　选择【百叶窗】特效　　　　　　　　图10-14　添加【百叶窗】特效

03 在【时间轴】面板中将时间指示器调整至0:00:00:00的位置，单击【百叶窗】特效中的【过渡完成】参数左边的【关键帧控制器】按钮⏱，保持其参数值为0不变，设置起始关键帧，如图10-15所示。

04 在【时间轴】面板中将时间指示器调整至0:00:05:00的位置，将【过渡完成】参数设置为100%，设置终止关键帧，如图10-16所示。

图10-15　添加起始关键帧　　　　　　　　　图10-16　添加终止关键帧

05 按空格键对影片进行播放，在【合成】面板中可以预览运用【百叶窗】特效后影片从第一个图层图像过渡到下一个图层图像的动态视频效果，如图10-17所示。

图10-17　【百叶窗】动态视频效果

10.3　【过渡】特效详解

After Effects 2024提供了17种过渡特效供用户使用，下面以图10-18和图10-19所示的两个图像分别作为图层1和图层2中的对象，对After Effects中的过渡特效进行介绍。

图10-18 图层1中的图像

图10-19 图层2中的图像

10.3.1 渐变擦除

【渐变擦除】特效根据两个图层的图像亮度差来实现擦除转场效果，如图10-20所示。

图10-20 【渐变擦除】效果

【渐变擦除】特效的属性参数如图10-21所示，主要参数的作用如下。

- 过渡完成：用来设置特效对于图像产生效果的完成度。为该参数设置动画关键帧，可以实现图像转场的动态效果。
- 过渡柔和度：用来设置效果边缘的羽化程度。
- 渐变图层：用来选择生成渐变效果的图层，如图10-22所示。
- 渐变位置：用来选择渐变图层相对于原素材图层的位置。其中共有3个选项，分别是【拼贴渐变】【中心渐变】和【伸缩渐变以适合】。
- 反转渐变：选中该复选框后，渐变效果将被反转。

图10-21 【渐变擦除】属性参数

图10-22 选择生成渐变的图层

10.3.2 卡片擦除

【卡片擦除】特效可将原图层图像分为若干个小卡片，并使这些卡片进行旋转，从而实现擦除转场效果，如图10-23所示。

图10-23　【卡片擦除】效果

【卡片擦除】特效的属性参数如图10-24所示,主要参数的作用如下。

- 过渡完成:用来设置特效对于图像产生效果的完成度。为该参数设置动画关键帧,可以实现图像转场的动态效果。

- 过渡宽度:用来设置卡片之间旋转时的时间差。

- 背面图层:用来选择原图层在进行卡片反转时的背面图层,默认选择原图层,当【过渡完成】值大于50%时,将逐渐过渡到原图层,在右侧的下拉列表中可以重新设置背面图层,如图10-25所示。

图10-24　【卡片擦除】属性参数　　　　　　图10-25　设置背面图层

- 行数和列数:用来选择行数和列数的调控方式。【独立】选项指行数和列数可以分开设置;【列数受行数控制】选项指设置行数数值时,列数数值随之改变。

- 行数/列数:用来设置行数和列数的数值。

- 卡片缩放:用来设置效果对原图层的缩放比例。

- 翻转轴:用来选择卡片翻转时的坐标轴,共有3个选项,分别是X、Y和【随机】。

- 翻转方向:用来选择卡片翻转时的方向,共有3个选项,分别是【正向】【反向】和【随机】。

- 翻转顺序:用来选择卡片翻转时的顺序,共有9个选项可选。

- 渐变图层:用来选择一个渐变图层来影响卡片翻转的效果。

- 随机时间:用来设置卡片在进行翻转时,时间差的随机性。

- 随机植入:用来设置卡片翻转效果的随机性。

- 摄像机系统:在右侧的下拉列表中可以选择摄像机系统,包括【摄像机位置】【边角定位】和【合成摄像机】3种。

- 摄像机位置:用于设置摄像机位置的相关参数,只有在【摄像机系统】下拉列表中选择【摄像机位置】选项，该选项组的参数才会被激活。

- 边角定位：用于设置擦除的边角参数，只有在【摄像机系统】下拉列表中选择【边角定位】选项，该选项组的参数才会被激活。
- 灯光：用来设置擦除特效的灯光效果。
- 材质：用来设置擦除特效的材质效果。
- 位置抖动：用来设置擦除特效的位置抖动参数。
- 旋转抖动：用来设置擦除特效的旋转抖动参数。

10.3.3 光圈擦除

【光圈擦除】特效是模拟多边形图形扩大的形式来实现擦除转场效果，用户可以调整光圈的形状，效果如图10-26所示。

图10-26　【光圈擦除】效果

【光圈擦除】特效的属性参数如图10-27所示。

【光圈擦除】特效中主要参数的作用如下。

- 光圈中心：用来设置效果的中心点位置。
- 点光圈：用来设置图形样式。
- 外径：用来设置图形外半径的大小。为该参数设置动画关键帧，可以实现图像转场的动态效果。
- 内径：用来设置图形内半径的大小。
- 旋转：用来设置图形旋转的角度。
- 羽化：用来设置图形边缘的模糊度。

图10-27　【光圈擦除】属性参数

10.3.4 块溶解

【块溶解】特效是模拟斑驳形状并逐步溶解的过程，从而实现擦除转场效果，如图10-28所示。

图10-28　【块溶解】效果

【块溶解】特效的属性参数如图10-29所示。

【块溶解】特效中主要参数的作用如下。

图10-29 【块溶解】属性参数

○ 过渡完成：用来设置特效对于图像产生效果的完成度。为该参数设置动画关键帧，可以实现图像转场的动态效果。

○ 块宽度：用来设置块状图形整体的宽度。

○ 块高度：用来设置块状图形整体的高度。

○ 羽化：用来设置图形整体的羽化程度。

○ 柔化边缘(最佳品质)：选中该复选框后，形状的边缘将添加模糊效果。

10.3.5 百叶窗

【百叶窗】特效是模拟百叶窗的关闭形式来实现擦除转场效果，如图10-30所示。

图10-30 【百叶窗】效果

【百叶窗】特效的属性参数如图10-31所示。

【百叶窗】特效中主要参数的作用如下。

○ 过渡完成：用来设置特效对于图像产生效果的完成度。为该参数设置动画关键帧，可以实现图像转场的动态效果。

图10-31 【百叶窗】属性参数

○ 方向：用来设置效果的角度方向。

○ 宽度：用来设置百叶窗效果的宽度。

○ 羽化：用来设置百叶窗效果边缘的模糊程度。

10.3.6 径向擦除

【径向擦除】特效通过径向旋转来实现擦除转场效果，如图10-32所示。

图10-32 【径向擦除】效果

【径向擦除】特效的属性参数如图10-33所示。

【径向擦除】特效中主要参数的作用如下。

图10-33 【径向擦除】属性参数

○ 过渡完成：用来设置特效对于图像产生效果的完成度。为该参数设置动画关键帧，可以实现图像转场的动态效果。

○ 起始角度：用来设置效果的起始位置。

○ 擦除中心：用来设置效果的中心点位置。

○ 擦除：用来选择擦除运动的方式。其中共有3个选项，分别是【顺时针】【逆时针】和【两者兼有】。

○ 羽化：用来设置效果边缘的羽化程度。

10.3.7 线性擦除

【线性擦除】特效是以直线运动的方式来实现擦除转场效果，如图10-34所示。

图10-34 【线性擦除】效果

【线性擦除】特效的属性参数如图10-35所示。

【线性擦除】特效中主要参数的作用如下。

○ 过渡完成：用来设置特效对于图像产生效果的完成度。为该参数设置动画关键帧，可以实现图像转场的动态效果。

○ 擦除角度：用来设置线条的角度。

○ 羽化：用来设置过渡时线条部分的羽化程度。

10.3.8 CC Glass Wipe

图10-35 【线性擦除】属性参数

CC Glass Wipe特效可以为原始图层图像添加一层模拟玻璃融化的效果。该特效需要两个图层相结合来使用，在特效图层上玻璃效果融化后显示另外一个图层，从而实现转场效果，如图10-36所示。

图10-36 CC Glass Wipe效果

CC Glass Wipe特效的属性参数如图10-37所示。

图10-37　CC Glass Wipe属性参数

CC Glass Wipe特效中主要参数的作用如下。

○ Completion：用来设置特效对于图像产生效果的完成度。为该参数设置动画关键帧，可以实现玻璃融化的动态效果。

○ Layer to Reveal：用来选择特效结束后显示的图层。

○ Gradient Layer：用来选择效果作用的图层。

○ Softness：用来设置效果的柔化程度。

○ Displacement Amount：用来设置过渡时的效果扭曲度。该数值越大，扭曲效果越明显。

10.3.9　CC Grid Wipe

CC Grid Wipe特效用于将原素材图层图像转换成菱形网格图案，从而实现擦除式的转场效果，如图10-38所示。

图10-38　CC Grid Wipe效果图

CC Grid Wipe特效的属性参数如图10-39所示。

CC Grid Wipe特效中主要参数的作用如下。

○ Completion：用来设置特效对于图像产生效果的完成度。为该参数设置动画关键帧，可以实现网格擦除的动态效果。

○ Center：用来选择网格生成时的中心点。

○ Rotation：用来设置网格的整体旋转角度。

○ Border：用来设置网格整体的大小。

○ Tiles：用来设置网格的密度大小。

○ Shape：用来选择网格的类型。其中共有3种类型，分别是Doors、Radial和Rectangle。

○ Reverse Transition：选中此复选框后将反转过渡效果。

图10-39　CC Grid Wipe属性参数

10.3.10　CC Image Wipe

CC Image Wipe特效是通过原图层图像的明暗度来实现擦除式的转场效果，如图10-40所示。

图10-40　CC Image Wipe效果图

CC Image Wipe特效的属性参数如图10-41所示。

CC Image Wipe特效中主要参数的作用如下。

图10-41　CC Image Wipe属性参数

○ Completion：用来设置特效对于图像产生效果的完成度。为该参数设置动画关键帧，可以实现图像逐渐擦除的动态效果。

○ Border Softness：用来设置效果边缘的柔和度。

○ Auto Softness：选中该复选框后，将自动调节效果边缘的柔和度来适应运动效果。

○ Layer：用来选择应用效果的图层。

○ Property：用来选择控制过渡效果的通道，共有8个通道可选。

○ Blur：用来设置效果的模糊度。

○ Inverse Gradient：选中此复选框后将反转过渡效果。

10.3.11　CC Jaws

CC Jaws特效是将原图层图像分割成锯齿状图形，从而实现擦除式的转场效果，如图10-42所示。

图10-42　CC Jaws效果图

CC Jaws特效的属性参数如图10-43所示。

CC Jaws特效中主要参数的作用如下。

图10-43　CC Jaws属性参数

○ Completion：用来设置特效对于图像产生效果的完成度。为该参数设置动画关键帧，可以实现图像逐渐擦除的动态效果。

- Center：用来设置效果的中心位置。
- Direction：用来设置整体效果的角度。
- Height：用来设置锯齿形状的高度。
- Width：用来设置锯齿形状的宽度。
- Shape：用来选择锯齿的形状类型，共有4种类型，分别是Spikes、RoboJaw、Block和Waves。

10.3.12　CC Light Wipe

CC Light Wipe特效通过模拟灯光的扩大来实现擦除式的转场效果，如图10-44所示。

图10-44　CC Light Wipe效果

CC Light Wipe特效的属性参数如图10-45所示。

CC Light Wipe特效中主要参数的作用如下。

- Completion：用来设置特效对于图像产生效果的完成度。为该参数设置动画关键帧，可以实现图像逐渐擦除的动态效果。

- Center：用来设置效果的中心位置。

图10-45　CC Light Wipe属性参数

- Intensity：用来调控灯光的强度。数值越大，光照越强。
- Shape：用来选择灯光的形状类型。其中共有3种类型，分别是Doors、Round和Square。
- Direction：用来设置整体效果的角度。
- Color from Source：选中此复选框后，光的颜色将从原素材图层中选取。
- Color：用来选择光的颜色。当Color from Source复选框被选中时，此选项禁用。
- Reverse Transition：选中此复选框后将反转过渡效果。

10.3.13　CC Line Sweep

CC Line Sweep特效可以生成一个斜边线性或梯形的擦除式转场效果，如图10-46所示。

图10-46　CC Line Sweep效果

CC Line Sweep特效的属性参数如图10-47所示。

CC Line Sweep特效中主要参数的作用如下。

图10-47 CC Line Sweep属性参数

- Completion：用来设置特效对于图像产生效果的完成度。为该参数设置动画关键帧，可以实现图像逐渐擦除的动态效果。

- Direction：用来设置整体效果的角度。

- Thickness：用来设置阶梯的高度。该数值越大，阶梯越高。

- Slant：用来设置阶梯的宽度。该数值越大，阶梯越窄。

- Flip Direction：选中此复选框后将反转过渡的方向。在该特效中是指阶梯线运动的方向。

10.3.14 CC Radial ScaleWipe

CC Radial ScaleWipe特效可以生成一个球状扭曲的径向擦除式转场效果，如图10-48所示。

图10-48 CC Radial ScaleWipe效果

CC Radial ScaleWipe特效的属性参数如图10-49所示。

CC Radial ScaleWipe特效中主要参数的作用如下。

图10-49 CC Radial ScaleWipe属性参数

- Completion：用来设置特效对于图像产生效果的完成度。为该参数设置动画关键帧，可以实现图像逐渐擦除的动态效果。

- Center：用来设置效果的中心位置。

- Reverse Transition：选中此复选框后将反转过渡效果。

10.3.15 CC Scale Wipe

CC Scale Wipe特效通过对原图层图像进行拉伸来实现转场效果，如图10-50所示。

图10-50 CC Scale Wipe效果

CC Scale Wipe特效的属性参数如图10-51所示。

CC Scale Wipe特效中主要参数的作用如下。

图10-51　CC Scale Wipe属性参数

○ Stretch：用来设置图像产生拉伸的程度。为该参数设置动画关键帧，可以实现图像转场的动态效果。

○ Center：用来设置效果的中心位置。

○ Direction：用来设置拉伸效果的角度。

10.3.16　CC Twister

CC Twister特效通过对原图层图像进行3D扭曲反转来实现转场效果，如图10-52所示。

图10-52　CC Twister效果

CC Twister特效的属性参数如图10-53所示。

图10-53　CC Twister属性参数

CC Twister特效中主要参数的作用如下。

○ Completion：用来设置特效对于图像产生效果的完成度。为该参数设置动画关键帧，可以实现图像逐渐擦除的动态效果。

○ Backside：用来设置应用该效果图像的背面图案，以此来实现两个场景的过渡。如果不选择背面图案，特效完成后，原素材图层将消失。如果选择素材图层本身作为背面图案，则实现原图像自行扭转并恢复原状的效果。

○ Shading：选中此复选框后，扭转时的3D效果会更加明显。

○ Center：用来设置效果的中心位置。

○ Axis：用来设置旋转扭曲的方向。

10.3.17　CC WarpoMatic

CC WarpoMatic特效通过对两个素材图层的图像进行特殊扭曲和融合来实现转场效果，如图10-54所示。

图10-54　CC WarpoMatic效果

CC WarpoMatic特效的属性参数如图10-55所示。

图10-55　CC WarpoMatic属性参数

CC WarpoMatic特效中主要参数的作用如下。

○ Completion：用来设置特效对于图像产生效果的完成度。为该参数设置动画关键帧，可以实现图像转场的动态效果。

○ Layer to Reveal：用来选择需要与原素材图层进行融合转场的图层。

○ Reactor：用来选择两个图层融合的方式。一共有4种方式，分别是Brightness、Contrast Differences、Brightness Differences和Local Differences。

○ Smoothness：用来设置扭曲效果的平滑度。

○ Warp Amount：用来设置扭曲效果的程度。该数值越大，扭曲越明显，设置为负值时，将向反方向进行扭曲。

○ Warp Direction：用来选择扭曲效果的类型。一共有3种类型，分别是Joint、Opposing和Twisting。

○ Blend Span：用来设置两个图层在进行过渡效果时的融合度。

10.4　上机练习

通过本章的学习，读者需要掌握视频过渡特效的添加和设置。下面将通过制作倒计时片头和古诗诵读案例，巩固练习本章所学的知识。

10.4.1　制作倒计时片头

案例名称：	倒计时片头
文件路径：	第10章\倒计时片头
技术掌握：	【径向擦除】特效的应用，复制特效及关键帧的方法和技巧

本案例将通过制作倒计时片头动画，练习【径向擦除】特效的应用，以及复制特效和关键帧的方法。本例的最终效果如图10-56所示。

图10-56　案例效果

01 新建一个项目，然后将所需倒计时数字素材和片头影片导入【项目】面板中，如图10-57所示。

02 新建一个合成，在【合成设置】对话框中设置视频的宽度、高度和持续时间，如图10-58所示。

图10-57　导入素材

图10-58　设置合成参数

03 将导入的数字素材按图10-59所示的顺序添加到图层列表中，在【合成】面板中预览图像的效果，如图10-60所示。

图10-59　添加素材

图10-60　图像效果

04 将片头影片添加到图层列表的最下方，然后将时间指示器调整至0:00:10:00的位置，再拖动片头影片的入点(即起始)到该时间位置，如图10-61所示。

05 在【效果和预设】面板中展开【过渡】特效组，然后选择【径向擦除】特效，如图10-62所示，将其添加到最上方图层中(即数字10所在的图层)。

图10-61 调整片头影片的入点　　　　　图10-62 添加【径向擦除】特效

06 将时间指示器调整至0:00:00:05的位置，在图层列表中设置【径向擦除】特效的【过渡完成】参数值为0，并添加一个关键帧，如图10-63所示。

07 将时间指示器调整至0:00:01:00的位置，在图层列表中设置【径向擦除】特效的【过渡完成】参数值为100%，并添加一个关键帧，如图10-64所示。

图10-63 设置【过渡完成】关键帧(一)　　　图10-64 设置【过渡完成】关键帧(二)

08 按空格键对影片进行播放，可以在【合成】面板中预览应用【径向擦除】特效的动画效果，如图10-65所示。

图10-65 预览【径向擦除】动画效果

09 在图层列表中选择设置好的【径向擦除】特效，然后按Ctrl+C组合键对其进行复制，再将时间指示器移至0:00:01:05的位置，选择上方第二个数字图层，然后按Ctrl+V组合键将复制的【径向擦除】特效粘贴到该图层上，如图10-66所示。

图10-66　将【径向擦除】特效复制到第二个图层中

10 使用同样的方法，分别在0:00:02:05、0:00:03:05、0:00:04:05、0:00:05:05、0:00:06:05、0:00:07:05、0:00:08:05和0:00:09:05时间将复制的【径向擦除】特效依次粘贴到后面的8个数字图层中，如图10-67所示。

图10-67　将【径向擦除】特效依次复制到其他数字图层中

11 按空格键对影片进行播放，可以在【合成】面板中预览编辑好的影片效果，如图10-68所示。

图10-68　预览影片效果

10.4.2 制作古诗诵读动画

案例名称：	古诗诵读
文件路径：	第10章\古诗诵读
技术掌握：	【线性擦除】特效的应用、复制特效及关键帧的方法

本案例将通过制作古诗诵读动画，练习【线性擦除】特效的应用，以及复制特效和关键帧的方法。本例的最终效果如图10-69所示。

图10-69 案例效果

01 新建一个项目，然后在【项目】面板中导入【海上明月.jpg】和【诗句.psd】素材，如图10-70所示，在导入【诗句.psd】素材时设置导入种类为【合成-保持图层大小】，如图10-71所示。

图10-70 导入素材

图10-71 设置【诗句.psd】导入种类

02 选择【合成】|【新建合成】菜单命令，在打开的【合成设置】对话框中设置【预设】为【自定义】，设置【持续时间】为0:00:18:00，然后单击【确定】按钮，建立一个新的合成，如图10-72所示。

03 将导入的素材添加到【时间轴】面板的【图层】列表中，并按照如图10-73所示的顺序进行排列。

图10-72　新建合成　　　　　　　　　　　图10-73　在【图层】列表中添加素材

04 在【合成】面板中适当调整各文字图层的文字位置，使其效果如图10-74所示。

05 下面为文字制作擦除动画效果。在【图层】列表中选中上方第一个文字图层，再选择【效果】|【过渡】|【线性擦除】菜单命令，为标题文字添加线性擦除效果。然后在【图层】列表中设置【擦除角度】为0x+0°，使效果从上到下进行擦除，如图10-75所示。

图10-74　调整各文字位置　　　　　　　　图10-75　设置【线性擦除】特效

06 将时间指示器移至0:00:00:00的位置，在【过渡完成】选项中添加一个关键帧，并设置其属性值为100%，如图10-76所示，然后将时间指示器调整至0:00:02:00的位置，将【过渡完成】属性值设置为0并添加关键帧，如图10-77所示。

图10-76　设置【过渡完成】关键帧(一)　　　图10-77　设置【过渡完成】关键帧(二)

❖ **提示:**

　　虽然这里使用的是【线性擦除】特效，但是由于【过渡完成】关键帧是反着设置的，因此该动画效果其实显示为插入图像的效果。

07 隐藏其他文字图层，按空格键对影片进行播放，可以在【合成】面板中预览插入标题文字的动画效果，如图10-78所示。

图10-78 插入标题文字动画效果

08 在【图层】列表中选择编辑好的【线性擦除】特效，按Ctrl+C组合键对其进行复制，再将时间指示器移至0:00:03:00的位置，选择上方第二个文字图层，然后按Ctrl+V组合键将复制的【线性擦除】特效粘贴到该图层上，可以看到复制特效时，会将设置好的关键帧及参数复制到对应的时间位置，如图10-79所示。

图10-79 复制编辑好的【线性擦除】特效

09 使用同样的方法，分别在0:00:06:00、0:00:09:00、0:00:12:00和0:00:15:00时间将复制的【线性擦除】特效依次粘贴到后面4个文字图层上，如图10-80所示。

图10-80 将【线性擦除】特效复制到其他文字图层中

⑩ 按空格键对影片进行播放，可以在【合成】面板中预览插入诗句文字的动画效果，如图10-81所示。

图10-81　插入诗句文字的动画效果

10.5　习题

1. 如何在After Effects中添加过渡特效？
2. 如何设置After Effects的过渡特效完成的百分比？
3. 什么特效是根据两个图层的图像亮度差来实现擦除转场效果的？
4. 什么特效是通过径向旋转来实现擦除转场效果的？
5. 创建一个项目和一个合成，然后导入素材，练习应用本章讲解的过渡特效。

第11章

光影与粒子特效

光影与粒子特效是After Effects中常用的效果，使用光影特效可以制作各种绚丽多彩的光影效果，为视频画面添加丰富的视觉效果，创造出无与伦比的奇妙景象；使用粒子特效可以快速模拟各种自然效果，而且可以制作奇幻的画面效果。

本章重点

- ○ 光影特效
- ○ 粒子特效

11.1　光影特效

光影特效在烘托镜头气氛、丰富画面细节等方面起着非常重要的作用。在After Effects中，光影特效主要存在于【生成】效果组中，本节将介绍在后期制作过程中较为常用的几种光影特效。

11.1.1　CC Light Burst 2.5

CC Light Burst 2.5特效可以为素材添加光线模糊效果，使图像生成模拟光线运动模糊的效果，应用该特效前后的对比效果如图11-1和图11-2所示。CC Light Burst 2.5特效的属性参数如图11-3所示。

图11-1　素材效果　　　　图11-2　CC Light Burst 2.5效果　　　　图11-3　CC Light Burst 2.5属性参数

CC Light Burst 2.5特效中主要参数的作用如下。

- ○　Center：用来设置整体效果中心点的位置。
- ○　Intensity：用来设置整体效果的强度。
- ○　Ray Length：用来设置光线的长度。
- ○　Burst：用来选择光线的类型。这里共有3种风格，分别是Fade(淡出)、Straight(平滑)和Center(中心)。
- ○　Halo Alpha：选中此复选框后，将显示原图层Alpha通道的光线模糊效果。
- ○　Set Color：选中此复选框后，可以选择某一种颜色来代替原图层的颜色。
- ○　Color：Set Color复选框被选中后，此选项被激活，用来选择替代原图层的颜色。

11.1.2　CC Light Rays

CC Light Rays特效可以为素材模拟创建一个点光源的效果，应用该特效前后的对比效果如图11-4和图11-5所示。CC Light Rays特效的属性参数如图11-6所示。

图11-4　素材效果　　　　图11-5　CC Light Rays效果　　　　图11-6　CC Light Rays属性参数

CC Light Rays特效中主要参数的作用如下。

- Intensity：用来设置光源的强度。
- Center：用来设置光源中心点的位置。
- Radius：用来设置光源的半径大小。
- Warp Softness：用来设置光源的柔和度。
- Shape：用来选择光源的类型。这里共有两种光源，分别是Round(圆形)和Square(正方形)。
- Direction：用来改变Square光线的方向。
- Color from Source：选中此复选框后，点光源的颜色来源于原图层。
- Allow Brightening：选中此复选框后，点光源中心点的亮度会增加。
- Color：当Color From Source复选框没有被选中时，可以使用该参数来调节点光源的颜色。
- Transfer Mode：用来选择点光源与原图层的叠加模式。这里共有4种叠加模式，分别是None(无)、Add(添加)、Lighten(更亮)和Screen(屏幕)。

11.1.3 CC Light Sweep

CC Light Sweep特效可以为素材模拟创建一个线光源的效果，应用该特效前后的对比效果如图11-7和图11-8所示。CC Light Sweep特效的属性参数如图11-9所示。

图11-7 素材效果　　　图11-8 CC Light Sweep效果　　　图11-9 CC Light Sweep属性参数

CC Light Sweep特效中主要参数的作用如下。

- Center：用来设置光源中心点的位置。
- Direction：用来改变光线的方向。
- Shape：用来选择光线条纹的类型。这里共有3种光线，分别是Linear(线性)、Smooth(平滑)和Sharp(尖锐)。
- Width：用来调节光线的宽度。
- Sweep Intensity：用来设置光线的强度。
- Edge Intensity：用来设置光线边缘的强度。
- Edge Thickness：用来设置光线边缘的厚度。
- Light Reception：用来选择光源与原图层的叠加模式。这里共有3种叠加模式，分别是Add(添加)、Composite(综合)和Cutout(抠像)。

11.1.4 镜头光晕

【镜头光晕】特效用来制作光晕效果，应用该特效前后的对比效果如图11-10和图11-11所示。【镜头光晕】特效的属性参数如图11-12所示。

图11-10 素材效果   图11-11 镜头光晕效果   图11-12 【镜头光晕】属性参数

【镜头光晕】特效中主要参数的作用如下。

○ 光晕中心：用来设置光晕的中心点位置。
○ 光晕亮度：用来设置光晕效果的强度。
○ 镜头类型：用来选择不同的镜头类型。这里共有3种镜头类型可以选择，分别是【50-300毫米变焦】【35毫米定焦】【105毫米定焦】。
○ 与原始图像混合：用来设置光晕效果的不透明度。

11.1.5 光束

【光束】特效用来制作光束效果，应用该特效前后的对比效果如图11-13和图11-14所示。【光束】特效的属性参数如图11-15所示。

图11-13 素材效果   图11-14 【光束】效果   图11-15 【光束】属性参数

【光束】特效中主要参数的作用如下。

○ 起始点：用来设置光束的起始位置。
○ 结束点：用来设置光束的结束位置。
○ 长度：用来设置光束的长短。
○ 时间：该参数可以通过设置关键帧来模拟光束发出的动画。
○ 起始厚度：用来设置光束起始位置的宽度。
○ 结束厚度：用来设置光束结束位置的宽度。
○ 柔和度：用来设置光束边缘的羽化程度。
○ 内部颜色：用于设置光束中心的颜色。
○ 外部颜色：用于设置光束边缘的颜色。

- 3D透视：选中该复选框后，光束以3D效果呈现。
- 在原始图像上合成：选中该复选框后，光束效果将与原图层共同显示。如果取消选中该复选框，将只显示光束效果。

11.1.6　高级闪电

【高级闪电】特效用来制作闪电效果，应用该特效前后的对比效果如图11-16和图11-17所示。【高级闪电】特效的属性参数如图11-18所示。

图11-16　素材效果

图11-17　【高级闪电】效果

图11-18　【高级闪电】属性参数

【高级闪电】特效中主要参数的作用如下。

- 闪电类型：可以选择要生成的闪电类型，共有8种类型可选。
- 源点：用来设置闪电的起始位置。
- 上下文控制：用来设置闪电的终止位置。
- 传导率状态：用于设置闪电的传导率随机形态。
- 核心设置：用来设置闪电核心的大小、不透明度和颜色。
- 发光设置：用来设置闪电发出光的大小、不透明度和颜色。
- Alpha障碍：用来设置Alpha通道对闪电效果的影响。
- 湍流：用于设置闪电的曲折性。该数值越大，曲折越多。
- 分叉：用于设置闪电效果的分叉多少。该数值越大，分叉越多。
- 衰减：用于设置闪电分叉和末端的衰减程度。该数值越大，衰减越高。
- 主核心衰减：选中该复选框后，主核心将产生衰减。
- 在原始图像上合成：选中该复选框后，闪电效果将与原图层共同显示；如果取消选中该复选框，将只显示闪电效果。
- 专家设置：提供一些能够更细致调整闪电效果的参数。

11.2　粒子特效

自然界中存在很多个体独立而整体类似的物体运动，这些物体之间各有不同而又相互制约，我们将其称为粒子。在After Effects中，粒子特效存在于【模拟】效果组中，主要用来渲染画面的气氛，让画面看起来更加美观、迷人。

11.2.1　CC Ball Action

CC Ball Action特效可以将原素材图像由整个平面转换为多个三维球体组成的立体画面，应用该特效前后的对比效果如图11-19和图11-20所示。CC Ball Action特效的属性参数如图11-21所示。

图11-19　素材效果　　　　　图11-20　CC Ball Action效果　　　　图11-21　CC Ball Action属性参数

CC Ball Action特效中主要参数的作用如下。

- Scatter：用于设置球体的散射度。通过调整数值可以使整齐排列的球体散布到不同的位置。
- Rotation Axis：用于选择球体组合旋转时所依据的方向。其中共有9个选项，X Axis、Y Axis、Z Axis这3个选项为单个方向旋转；XY Axis、XZ Axis、YZ Axis这3个选项为两个方向上同时旋转；XYZ Axis为3个方向同时旋转；X15Z Axis为X轴方向每旋转一次，Z轴方向上旋转15次；XY15Z Axis为X和Y轴方向上每旋转一次，Z轴方向上旋转15次。
- Rotation：用于设置球体组合整体旋转的角度。
- Twist Property：用于选择球体组合自身旋转扭曲时所依据的形式。其中共有9种形式，不同的形式能形成不同的排列组合效果。
- Twist Angle：用于设置球体组合自身旋转扭曲时的角度。
- Grid Spacing：用于设置单个球体之间的距离。
- Ball Size：用于设置单个球体的大小。
- Instability State：用于设置单个球体的旋转角度。

11.2.2　CC Bubbles

CC Bubbles特效可以将原素材图形转换为气泡效果，并且生成的气泡会自带运动效果，应用该特效前后的对比效果如图11-22和图11-23所示。CC Bubbles特效的属性参数如图11-24所示。

图11-22　素材效果　　　　　图11-23　CC Bubbles效果　　　　图11-24　CC Bubbles属性参数

CC Bubbles特效中主要参数的作用如下。

- Bubble Amount：用于设置气泡的数量。
- Bubble Speed：用于设置气泡上下浮动的方向和速度。该数值为正值时气泡上升，该数值为负值时气泡下降。
- Wobble Amplitude：用于设置气泡在运动时左右抖动的程度。
- Wobble Frequency：用于设置气泡在运动时左右抖动的速度。
- Bubble Size：用于设置气泡的大小。
- Reflection Type：用于选择气泡对于原素材图像颜色的反射类型。根据所选类型的不同，气泡反射出的颜色也不同。
- Shading Type：用于选择气泡的类型。根据所选择类型的不同，气泡展现出的样式也不同。

11.2.3　CC Drizzle

CC Drizzle特效可在原图层上模拟水滴滴落在水面生成的水波纹效果，且自动生成相应动画效果，应用该特效前后的对比效果如图11-25和图11-26所示。CC Drizzle特效的属性参数如图11-27所示。

图11-25　素材效果　　　　图11-26　CC Drizzle效果　　　　图11-27　CC Drizzle属性参数

CC Drizzle特效中主要参数的作用如下。

- Drip Rate：用于设置波纹的密集程度。
- Longevity(sec)：用于设置波纹持续的时间。
- Rippling：用于设置单个波纹的复杂程度。
- Spreading：用于设置波纹的扩散范围。
- Light：用于控制灯光的相关数值。
- Using：用于选择自己设置灯光效果或者选择AE自带的灯光效果。
- Light Intensity：用于控制灯光的强度。
- Light Color：用于选择灯光的颜色。
- Light Type：用于选择平行光或点光源。
- Light Height：用于设置光源到原素材的距离。当参数为正值时，原素材会被照亮；当参数为负值时，原素材会变暗。
- Light Position：用于设置点光源的位置。
- Light Direction：用于调整光线的方向。

- Shading：用于控制阴影的相关数值。
- Ambient：用于设置波纹对于环境光的反射程度。
- Diffuse：用于设置波纹漫反射的数值。
- Specular：用于设置高光的强度。
- Roughness：用于设置波纹表面的光滑程度。该数值越大，材质表面越光滑。
- Metal：用于设置波纹的材质。该数值越大，越接近金属材质；该数值越小，越接近塑料材质。

11.2.4 CC Particle Systems II

CC Particle Systems II是模拟生成粒子系统的特效，通过对参数的设置可以生成不同的效果，应用该特效前后的对比效果如图11-28和图11-29所示。CC Particle Systems II特效的属性参数如图11-30所示。

图11-28 素材效果　　图11-29 CC Particle Systems II效果　　图11-30 CC Particle Systems II属性参数

CC Particle Systems II特效中主要参数的作用如下。

- Birth Rate：用于控制粒子的数量。
- Longevity(sec)：用于控制粒子存在的时间长短。
- Producer：用于调整粒子的位置属性。
- Animation：用于选择粒子运动动画效果的类型。其中共有12种类型可选，不同的类型可以形成不同的效果。
- Velocity：用于控制粒子运动的速率。
- Inherit Velocity：用于控制速率传递的百分比。
- Gravity：用于设置重力大小。重力越大，粒子降落的速度越快，重力为负值时粒子将上升。
- Resistance：用于设置阻力大小，从而控制粒子的运动方向和速度。
- Direction：用于设置粒子运动的方向。
- Extra：用于设置粒子运动的随机性。
- Particle Type：用于选择粒子的类型，不同的类型可以模拟不同的现实场景。
- Birth Size：用于设置粒子出现时的大小。
- Death Size：用于设置粒子消失时的大小。
- Size Variation：用于控制粒子随机性的大小。
- Opacity Map：用于选择粒子在不透明度上的变换类型。

- Max Opacity：用于设置粒子不透明度的最大值。
- Color Map：用于选择粒子在颜色上生成的类型。
- Birth Color：用于选择粒子生成时的颜色。
- Death Color：用于选择粒子消失时的颜色。
- Transfer Mode：用于选择粒子之间的混合模式。
- Random Seed：用于设置整体粒子运动的随机性。

11.2.5 CC Particle World

CC Particle World特效与CC Particle Systems II相似，都是模拟生成不同场景的粒子效果，不同之处在于CC Particle World是在三维场景下生成粒子，应用该特效后的效果如图11-31和图11-32所示。

图11-31 CC Particle World效果(一)

图11-32 CC Particle World效果(二)

CC Particle World特效的属性参数如图11-33所示。

图11-33 CC Particle World属性参数

CC Particle World特效与CC Particle Systems II特效的属性参数有许多相同之处，这里只介绍与CC Particle Systems II特效不同的主要参数，这些参数及其作用如下。

- Grid & Guides：用于设置3D场景的一系列属性。
- Position：选中该复选框后，打开粒子生成器，可以在【合成】面板中用鼠标直接控制生成器的位置。
- Radius：选中该复选框后，可以在【合成】面板中打开粒子生成器半径的控制手柄。

- Motion Path：选中该复选框后，可以显示发射器的运动路径。
- Motion Path Frames：用于设置发射器运动的帧数。
- Grid：选中该复选框后，可以打开【合成】面板中的网格。
- Grid Position：用于选择网格的样式。
- Grid Axis：用于选择网格的视角。
- Grid Subdivisions：用于设置网格中格子的数量。
- Grid Size：用于设置网格的大小。
- Horizon：选中该复选框后，可以打开地平线的显示。
- Axis Box：选中该复选框后，可以打开视角参考。
- Floor：用于设置关于水平面的相关属性。
- Texture：用于选择粒子的纹理类型。
- Extras：用于设置其他的一些附加属性数值。

11.2.6　CC Pixel Polly

CC Pixel Polly特效模拟镜面破碎效果，可以生成原素材图像打碎并向四周飞散的动画效果，应用该特效前后的对比效果如图11-34和图11-35所示。CC Pixel Polly特效的属性参数如图11-36所示。

图11-34　素材效果　　　　图11-35　CC Pixel Polly效果　　　　图11-36　CC Pixel Polly属性参数

CC Pixel Polly特效中主要参数的作用如下。

- Force：用于设置破碎的力度。该数值越大，碎片飞散的范围越大。
- Gravity：用于设置重力大小。重力越大，碎片降落的速度越快，重力为负值时碎片将上升。
- Spinning：用于设置碎片的旋转角度。
- Force Center：用于设置破碎效果中心点的位置。
- Direction Randomness：用于控制碎片飞散时方向的随机性大小。
- Speed Randomness：用于控制碎片飞散时速度的随机性大小。
- Grid Spacing：用于设置碎片的大小。
- Object：用于选择生成碎片的形状类型。
- Start Time(sec)：用于控制碎片生成的开始时间。

11.2.7　CC Scatterize

CC Scatterize特效是将原素材图像分散成粒子形态，从而可以重组形态，应用该特效前后的对比效果如图11-37和图11-38所示。CC Scatterize特效的属性参数如图11-39所示。

图11-37 素材效果

图11-38 CC Scatterize效果

图11-39 CC Scatterize属性参数

CC Scatterize特效中主要参数的作用如下。

- Scatter：用于设置粒子的分散性。
- Right Twist/Left Twist：用于设置向右和向左的扭曲程度。
- Transfer Mode：用于选择粒子分散时所依据的模式类型。

11.2.8 CC Rainfall

CC Rainfall特效可以模拟生成降雨或洒水的水滴降落效果，应用该特效前后的对比效果如图11-40和图11-41所示。CC Rainfall特效的属性参数如图11-42所示。

图11-40 素材效果

图11-41 CC Rainfall效果

图11-42 CC Rainfall属性参数

CC Rainfall特效中主要参数的作用如下。

- Drops：用于设置水滴的密集程度。
- Size：用于设置水滴的大小。
- Scene Depth：用于设置生成的水滴在画面纵深轴上的移动。
- Wind：用于设置风的大小，同时影响水滴滴落时的倾斜角度。
- Spread：用于设置随机出现的水滴数量。
- Color：用于选择水滴的颜色。
- Opacity：用于设置水滴的不透明度。
- Background Reflection：用于更细节地调整背景画面对特效效果的影响。
- Transfer Mode：用于选择效果与原素材图像的混合模式。
- Composite With Original：选中此复选框后，特效效果将显示在原图层上；取消选中此复选框后，仅有特效效果。
- Extras：用于设置其他的一些附加属性数值。

239

11.2.9　CC Snowfall

CC Snowfall特效与CC Rainfall特效相似，模拟生成雪花降落效果，应用该特效后的效果如图11-43所示，其属性参数如图11-44所示。

图11-43　CC Snowfall效果　　　　　　　　　图11-44　CC Snowfall属性参数

CC Snowfall特效与CC Rainfall特效的属性参数有许多相同之处，这里只介绍与CC Rainfall特效不同的主要参数，这些参数及其作用如下。

- Flakes：用于设置雪花碎片的数量。
- Variation %(Size)：用于设置雪花偏移的随机性。
- Variation %(Wind)：用于设置雪花受风影响时的随机性。
- Wiggle：用于设置与雪花随机摆动有关的数值。

11.2.10　CC Star Burst

CC Star Burst特效是将原素材图像转换成宇宙星空效果，且自动生成在宇宙星空中穿越的动画效果，应用该特效后的效果如图11-45所示。CC Star Burst特效的属性参数如图11-46所示。

图11-45　CC Star Burst效果　　　　　　　　图11-46　CC Star Burst属性参数

CC Star Burst特效中主要参数的作用如下。

- Scatter：用于设置粒子的分散性。
- Speed：用于设置粒子的运动速度。该数值为正值时，粒子向前运动；该数值为负值时，粒子向后运动。
- Phase：用于调整粒子的位置。
- Grid Spacing：用于设置粒子离屏幕画面的远近程度。

- Size：用于设置单个粒子的大小。
- Blend w. Original：用于设置效果图层与原素材图像之间的混合程度。

11.2.11　泡沫

【泡沫】特效可以模拟生成气泡效果，CC Bubbles特效是将原素材图像转换为气泡，而【泡沫】特效是模拟发射器喷射气泡，应用该特效后的效果如图11-47所示。【泡沫】特效的属性参数如图11-48所示。

图11-47　【泡沫】效果

图11-48　【泡沫】属性参数

【泡沫】特效中主要参数的作用如下。

- 视图：用于选择观看生成效果的方式。
- 产生点：用于设置发射器的位置。
- 产生X大小/产生Y大小：用于调整气泡在X和Y两个方向上的生成量。
- 产生方向：用于设置气泡运动时的方向。
- 缩放产生点：选中该复选框后，发射器将被放大或缩小。
- 产生速率：用于设置气泡产生的速率。
- 气泡：用于设置气泡自身的属性。
- 大小：用于调整生成气泡的大小。
- 大小差异：用于设置气泡之间的大小差异。
- 寿命：用于设置气泡持续的时间。
- 气泡增长速度：用于设置气泡由小变大的速度。
- 强度：用于控制气泡产生的数量。
- 物理学：用于设置有关气泡运动效果的相关物理属性。
- 正在渲染：用于设置有关气泡样式的属性。
- 流动映射：用于设置气泡的流动动画效果。

11.2.12　碎片

【碎片】特效将原素材图像转换成三维模式，并生成模拟砖块等多种形状的爆破动画效果，应用该特效后的效果如图11-49所示。【碎片】特效的属性参数如图11-50所示。

图11-49　【碎片】效果

图11-50　【碎片】属性参数

【碎片】特效中主要参数的作用如下。

○ 视图：用于选择观看生成效果的方式。

○ 图案：用于选择生成碎片的形状模式。

○ 重复：用于设置碎片的密度。

○ 方向：用于设置碎片产生的方向。

○ 凸出深度：用于设置三维效果的明显程度。

○ 作用力1/作用力2：用于设置爆破点的位置、深度、半径和强度。

○ 渐变：可以通过设置相关属性，使碎片的掉落与图像的渐变相结合。

○ 物理学：用于设置有关碎片运动效果的相关物理属性。

○ 纹理：用于设置碎片样式的属性。

○ 摄像机位置：可以通过对摄像机相关属性的设置，创建不同的视角和镜头效果。

○ 灯光：用于设置有关灯光的一些属性数值。

○ 材质：用于设置有关材质的一些属性数值。

11.2.13　粒子运动场

【粒子运动场】特效通过粒子发射器创建粒子，并通过属性的设置来模拟不同的粒子动画效果，应用该特效后的效果如图11-51所示。【粒子运动场】特效的属性参数如图11-52所示。

图11-51　【粒子运动场】效果

图11-52　【粒子运动场】属性参数

【粒子运动场】特效中主要参数的作用如下。

- 发射：用于设置粒子发射器的一些基本属性。
- 位置：用于设置发射器的位置。
- 圆筒半径：用于调整发射器半径的数值。
- 每秒粒子数：用于设置每秒内粒子发射的数量。
- 方向：用于设置粒子发射时的方向。
- 随机扩散方向：用于设置粒子发散的随机性。
- 速率：用于设置粒子发散的速度。
- 随机扩散速率：用于设置粒子随机发散时的速率。
- 颜色：用于调整生成粒子的颜色。
- 粒子半径：用于设置单个粒子的半径大小。
- 网格：用于设置与网格有关的属性。
- 图层爆炸：用于设置图层爆炸效果的有关属性。
- 粒子爆炸：用于设置粒子爆炸效果的有关属性。
- 图层映射：用于设置新建粒子图层的映射效果。
- 重力：用于设置有关重力的属性，从而影响粒子的运动效果。
- 排斥：用于设置粒子之间的排斥相关属性，从而影响运动效果。
- 墙：用于规定粒子运动的范围。
- 永久属性映射器/短暂属性映射器：用于设置效果在持续时间和短暂时间内的映射属性。

11.3 上机练习

通过本章的学习，读者应该掌握光影特效和粒子特效的制作。下面将通过制作下雪和闪电案例，巩固本章所学的知识。

11.3.1 制作下雪动画

案例名称：	下雪
文件路径：	第11章\下雪
技术掌握：	CC Snowfall特效的应用

本案例将通过制作下雪动画，练习CC Snowfall特效的应用。本例的最终效果如图11-53所示。

01 新建一个项目，然后将所需素材导入【项目】面板中，如图11-54所示。

02 新建一个合成，在【合成设置】对话框中设置【预设】参数和【持续时间】，如图11-55所示。

图11-53 案例效果

243

图11-54　导入素材

图11-55　设置合成参数

03 将导入的素材添加到图层列表中，如图11-56所示，在【合成】面板中预览图像的效果，如图11-57所示。

图11-56　添加素材

图11-57　预览图像效果

04 打开【效果和预设】面板，展开【模拟】特效组，选择CC Snowfall特效，如图11-58所示，然后将其添加到素材图层中，得到下雪效果，但效果不太明显，如图11-59所示。

图11-58　选择特效

图11-59　雪景效果

05 在【效果控件】面板中分别提高Flakes、Size、Spread和Opacity值，如图11-60所示。

06 按空格键对影片进行播放，可以在【合成】面板中预览下雪的动画效果，如图11-61所示。

图11-60　设置CC Snowfall参数

图11-61　预览下雪效果

11.3.2　制作闪电动画

案例名称：	制作闪电
文件路径：	第11章\ 闪电
技术掌握：	【高级闪电】特效的应用

本案例将通过制作闪电动画，练习【高级闪电】特效的应用，包括闪电参数和关键帧的设置方法。本例的最终效果如图11-62所示。

图11-62　案例效果

01 新建一个项目，然后将所需素材导入【项目】面板中，如图11-63所示。

02 新建一个合成，在【合成设置】对话框中根据素材大小设置合成宽度和高度，然后设置【持续时间】为10秒，如图11-64所示。

图11-63　导入素材

图11-64　设置合成参数

03 将导入的素材添加到图层列表中，如图11-65所示，在【合成】面板中预览图像效果，如图11-66所示。

图11-65　添加素材　　　　　　　　　　　　　　　　图11-66　图像效果

04 在【效果和预设】面板中展开【生成】特效组，选择【高级闪电】特效，如图11-67所示，将选择的特效添加到素材图层中，闪电的最初效果如图11-68所示。

图11-67　选择并添加特效　　　　　　　　　　　　　　图11-68　闪电最初效果

05 参照图11-68所示的效果，在【效果控件】面板中设置【闪电类型】【源点】【方向】【传导率状态】【核心半径】【分叉】等参数，并选中【主核心衰减】和【在原始图像上合成】复选框，如图11-69所示，得到的闪电效果如图11-70所示。

图11-69　设置【高级闪电】参数　　　　　　　　　　　图11-70　调整后的闪电效果

06 将时间指示器移到第2秒的位置，在【时间轴】面板中开启【核心半径】和【衰减】

动画功能，在此时间位置为这两个选项各添加一个关键帧，并设置【核心半径】值为0、【衰减】值为2，如图11-71所示。

07 将时间指示器移到第2秒10帧的位置，设置【核心半径】值为5、【衰减】值为0.15，同时为这两个选项各添加一个关键帧，如图11-72所示。

图11-71 设置【核心半径】和【衰减】参数(一)

图11-72 设置【核心半径】和【衰减】参数(二)

08 将时间指示器移到第3秒的位置，为【核心半径】和【衰减】选项各添加一个关键帧，并保持其属性值不变，如图11-73所示。

09 将时间指示器移到第4秒的位置，设置【核心半径】值为0、【衰减】值为7，同时为这两个选项各添加一个关键帧，如图11-74所示，完成本例的制作。

图11-73 设置【核心半径】和【衰减】关键帧(三)

图11-74 设置【核心半径】和【衰减】参数(四)

10 按空格键对影片进行播放，可以在【合成】面板中预览制作的闪电动画效果，如图11-75所示。

图11-75 预览闪电效果

11.4　习题

1. 粒子特效存在于哪类效果组中，这类特效的主要作用是什么？
2. 光影特效存在于哪类效果组中，这类特效的主要作用是什么？
3. 使用什么特效可以模拟生成降雨或洒水的水滴降落效果？
4. 使用什么特效可以模拟生成雪花降落效果？
5. 新建一个项目，练习应用本章讲解的仿真粒子特效。
6. 新建一个项目，练习应用本章讲解的光影特效。

第 **12** 章

抠像与运动跟踪

在影视广告制作中，通常会利用抠像技术将蓝屏或绿屏背景影像与其他影像进行合成处理，制作全新的场景效果；另外，利用跟踪技术可以获得影像中某些效果点的运动信息(如位移、旋转、缩放等)，将其传送到另一层的效果点中，从而实现另一层的运动与该层追踪点的运动相一致。本章将学习After Effects 2024中视频抠像与跟踪技术的应用。

本章重点

○ 掌握抠像特效的应用

○ 掌握keylight(1.2)的应用

○ 掌握运动跟踪和运动稳定技术

12.1 抠像特效

抠像特效在After Effects中主要用于去除素材的背景。将主场景以外的背景通过这类特效转换为透明状态，从而可以与其他背景相融合。

在菜单中选择【效果】|【抠像】命令，在弹出的子菜单命令中将显示所有的抠像特效，如图12-1所示。或者在【效果和预设】面板中展开【抠像】选项组，在其中也可以选择需要的抠像特效，如图12-2所示。

图12-1 抠像类特效　　　　　　　　　　　　　　图12-2 展开【抠像】选项组

12.1.1 内部/外部键

【内部/外部键】特效的主要作用是利用蒙版对素材抠图后，用来调整蒙版的边缘属性，应用该特效前后的对比效果如图12-3和图12-4所示。

图12-3 利用蒙版进行抠图　　　　　　　　　　图12-4 【内部/外部键】效果

【内部/外部键】特效的属性参数如图12-5所示。

【内部/外部键】特效中各参数的作用如下。

- ○ 前景(内部)：用于选择作为前景的蒙版层。
- ○ 背景(外部)：用于选择作为背景的蒙版层。
- ○ 单个蒙版高光半径：用于调整蒙版区域的高光范围。
- ○ 清理前景：对前景设置另外的清理蒙版。
- ○ 清理背景：对背景设置另外的清理蒙版。

图12-5 【内部/外部键】属性参数

- ○ 薄化边缘：用于设置蒙版边缘的薄厚程度。
- ○ 羽化边缘：用于调节蒙版边缘的羽化程度。
- ○ 边缘阈值：用于整体调整蒙版的区域。
- ○ 反转提取：选中该复选框后可以反转蒙版。
- ○ 与原始图像混合：用于设置蒙版层与原始素材的混合程度。

12.1.2 差值遮罩

【差值遮罩】特效可以对两个图层的颜色进行筛选，选出相同颜色的区域并对特效层进行抠图，制作出两个图层相融合的效果，应用该特效进行抠像的效果如图12-6~图12-8所示。

图12-6 素材一效果

图12-7 素材二效果

图12-8 【差值遮罩】抠像效果

【差值遮罩】特效的属性参数如图12-9所示。

【差值遮罩】特效中各参数的作用如下。

- ○ 视图：用于选择不同的视图模式。
- ○ 差值图层：用于选择与添加特效图层进行颜色对比的图层。

图12-9 【差值遮罩】属性参数

- ○ 如果图层大小不同：用于设置当两个图层大小不同时的对齐方式。
- ○ 匹配容差：用于设置被抠除部位的范围大小。
- ○ 匹配柔和度：用于调整被抠除部位的柔和程度。
- ○ 差值前模糊：用于调节图像的模糊值。

12.1.3 提取

【提取】特效主要用于对明暗对比度特别强烈的素材进行抠像，通过特效数值的调整来抠除素材的亮部或者暗部，应用该特效进行抠像的效果如图12-10~图12-12所示。

图12-10 素材一效果

图12-11 素材二效果

图12-12 【提取】抠像效果

【提取】特效的属性参数如图12-13所示。

【提取】特效中各参数的作用如下。

- 直方图：用于显示和调整素材本身的明暗分布情况。

图12-13　【提取】属性参数

- 通道：用于设置素材被抠像的色彩通道依据，可以选择【明亮度】【红色】【绿色】【蓝色】和【Alpha】。
- 黑场：用于设置被抠除的暗部的范围。
- 白场：用于设置被抠除的亮部的范围。
- 黑色柔和度：用于调节暗部区域的柔和度。
- 白色柔和度：用于调节亮部区域的柔和度。
- 反转：选中该复选框，可以反转蒙版范围。

12.1.4　线性颜色键

【线性颜色键】特效主要通过RGB、色调、色度等信息来对素材进行抠像，多用于蓝屏或绿屏抠像，应用该特效进行抠像的效果如图12-14~图12-16所示。

图12-14　素材一效果

图12-15　素材二效果

图12-16　【线性颜色键】抠像效果

【线性颜色键】特效的属性参数如图12-17所示。

【线性颜色键】特效中各参数的作用如下。

- 预览：用于显示素材视图和抠像后的视图。吸管工具用来选取素材中需要被抠除的颜色。带加号的吸管工具用来补充选取需要被抠除的颜色。带减号的吸管工具用来排除不需要被抠除的颜色。

图12-17　【线性颜色键】属性参数

- 视图：用于选择视图查看的模式。
- 主色：用于设置需要被抠除的颜色。
- 匹配颜色：用于设置抠除时所依据的色彩模式。
- 匹配容差：用于调节抠除区域与留下区域的容差值。
- 匹配柔和度：用于调节抠除区域与留下区域的柔和度。
- 主要操作：用于设置抠除的颜色是被删除还是保留原色。

12.1.5　颜色范围

【颜色范围】特效主要用于对颜色对比强烈的素材进行抠像，通过特效数值的调整来抠除素材的某个颜色以及相近颜色，应用该特效进行抠像的效果如图12-18~图12-20所示。

图12-18　素材一效果

图12-19　素材二效果

图12-20　【颜色范围】抠像效果

【颜色范围】特效的属性参数如图12-21所示。

【颜色范围】特效中各参数的作用如下。

○ 预览：用于显示被抠除的区域。黑色部分就是被抠除的部分，旁边的吸管按钮与【线性颜色键】属性面板中的3个吸管按钮用途相同。

○ 模糊：用于设置被抠除区域的模糊度。

○ 色彩空间：用于选择素材颜色的模式。可选择的模式有【Lab】【YUV】和【RGB】3种。

图12-21　【颜色范围】属性参数

○ 最小值(L、Y、R)/(a、U、G)/(b、V、B)：用于设置(L、Y、R)/(a、U、G)/(b、V、B)色彩控制的最小值。

○ 最大值(L、Y、R)/(a、U、G)/(b、V、B)：用于设置(L、Y、R)/(a、U、G)/(b、V、B)色彩控制的最大值。

12.1.6　颜色差值键

【颜色差值键】特效通过颜色的差别来实现多色抠图效果。该特效将素材分为A被抠除的主要颜色区域，B被抠除的第二个颜色区域，两个区域相叠加得到最终的Alpha透明区域，应用该特效进行抠像的效果如图12-22~图12-24所示。

图12-22　素材一效果

图12-23　素材二效果

图12-24　【颜色差值键】抠像效果

【颜色差值键】特效的属性参数如图12-25所示。

【颜色差值键】特效中各参数的作用如下。

○ 预览：用于显示素材视图、A区域视图、B区域视图和最终透明区域视图。

○ 视图：用于选择视图查看的模式。

○ 主色：用于设置需要被抠除的颜色。

○ 颜色匹配准确度：用于设置颜色匹配的方式，可选择【更好】或【更快】。

- 黑色区域的A部分：用于调整黑色区域A部分的不透明度水平。
- 白色区域的A部分：用于调整白色区域A部分的不透明度水平。
- A部分的灰度系数：用于控制A部分的不透明度值遵循线性增长的严密程度。若值为1(默认值)，则增长呈线性；若为其他值，可产生非线性增长，以供特殊调整或视觉效果使用。

图12-25 【颜色差值键】属性参数

- 黑色区域外的A部分：用于调整黑色区域外A部分的不透明度水平。
- 白色区域外的A部分：用于调整白色区域外A部分的不透明度水平。
- 黑色的部分B：用于调整黑色B部分的不透明度水平。
- 白色区域中的B部分：用于调整白色区域中B部分的不透明度水平。
- B部分的灰度系数：用于控制B部分的不透明度值遵循线性增长的严密程度。
- 黑色区域外的B部分：用于调整黑色区域外B部分的不透明度水平。
- 白色区域外的B部分：用于调整白色区域外B部分的不透明度水平。
- 黑色遮罩/白色遮罩/遮罩灰度系数：分别设置黑色遮罩、白色遮罩和遮罩的灰度系数值。

【例12-1】 使用颜色差值键进行抠像。

`01` 新建一个项目，然后将所需素材导入【项目】面板中，如图12-26所示。

`02` 新建一个合成，将导入的视频和图片素材添加到【时间轴】面板的【图层】列表中，并将图片图层放置在视频图层上方，如图12-27所示。

图12-26 导入素材

图12-27 将素材添加到图层列表中

`03` 展开图片素材的属性选项组，设置图片素材的【缩放】值为75%，如图12-28所示，在【合成】面板中预览图像，效果如图12-29所示。

`04` 在【效果和预设】面板中选择【抠像】/【颜色差值键】特效，将该特效添加到图层1的图片素材上，如图12-30所示。

图12-28 设置素材【缩放】值

图12-29 图像效果

图12-30 添加【颜色差值键】特效

05 在【效果控件】面板中单击【颜色差值键】特效属性组中的吸管工具，如图12-31所示，然后在【合成】面板中单击绿色区域选取抠像颜色，如图12-32所示。

图12-31 单击吸管工具

图12-32 选取抠像颜色

06 在【效果控件】面板中设置【白色区域的A部分】值为50，保持其他选项不变，如图12-33所示。

07 在【合成】面板中预览影片效果，可以看到建筑添加了【颜色差值键】特效后，绿色部分被抠除，显示出蓝天白云效果，如图12-34所示。

图12-33 设置【白色区域的A部分】值

图12-34 最终效果

12.1.7 Advanced Spill Suppressor

Advanced Spill Suppressor(即【高级溢出抑制器】)特效不是单独的抠像特效，而是一种抠像辅助特效，主要作用于被抠像的素材。Advanced Spill Suppressor特效主要用来对抠完像的素材边缘部分的颜色进行二次调整。Advanced Spill Suppressor特效的属性参数如图12-35所示。

图12-35　【高级溢出抑制器】属性参数

12.1.8 Key Cleaner

与Advanced Spill Suppressor特效一样，Key Cleaner(即【抠像清除器】)特效不是单独的抠像特效，也是一种抠像辅助特效。【抠像清除器】主要用来对素材进行二次抠像，Key Cleaner特效的属性参数如图12-36所示。

图12-36　【抠像清除器】属性参数

12.1.9 CC Simple Wire Removal

CC Simple Wire Removal(即【用线擦除】)特效通过参数Point A(点A)和Point B(点B)确定一条线，通过这条线对素材进行抠像操作，应用该特效进行抠像的效果如图12-37和图12-38所示。

图12-37　素材效果

图12-38　【用线擦除】抠像效果

CC Simple Wire Removal特效的属性参数如图12-39所示。

❖ 提示：

在影视编辑中，使用CC Simple Wire Removal特效确定威亚的两个端点后，可以轻易地将威亚擦除。设置Thickness参数，可以调整抠像线条的粗细。

图12-39　【用线擦除】属性参数

12.2 keylight(1.2)

Keylight是一款工业级别的蓝幕或绿幕键控器。其核心算法由Computer Film公司开发，并由The Foundry公司进一步开发移植到After Effects中。Keylight在制作专业品质的抠像效果方面表现出色，尤其擅长处理半透明区域、毛发等细微抠像工作，并能精确地控制残留在前景上的蓝幕或绿幕的反光。

选择素材图层后，执行【效果】| Keying | Keylight(1.2)命令，即可为素材添加该效果。在【效果控件】面板中可以显示该效果的参数，如图12-40所示。

Keylight(1.2)特效的属性参数比较多，下面介绍其中重要的一些参数。

图12-40　Keylight(1.2)属性参数

1. View(视图)

该属性设置图像在合成窗口中的显示方式。

2. Unpremultiply Result(非预乘结果)

选中该复选框，将设置图像为不带Alpha通道显示效果，反之为带Alpha通道显示效果。

3. Screen Colour(屏幕颜色)

该属性用于设置需要抠除的颜色，可以单击该选项右侧的颜色图标，在打开的Screen Colour(屏幕颜色)对话框中选择需要抠除的颜色(如图12-41所示)，也可以使用吸管工具在原图像中直接选取需要抠除的颜色。

图12-41　Screen Colour(屏幕颜色)对话框

4. Screen Gain(屏幕增益)

该属性用于设置屏幕抠除效果的强弱程度。该数值越大，抠除程度越强。

5. Screen Balance(屏幕均衡)

该属性用于设置抠除颜色的平衡程度。该数值越大，平衡效果越明显。

6. Despill Bias(反溢出偏差)

该属性可恢复过多抠除区域的颜色。

7. Alpha Bias(Alpha 偏差)

该属性可恢复过多抠除Alpha部分的颜色。

8. Lock Biases Together(同时锁定偏差)

选中该复选框，在抠除图像时，可以设定偏差值。

9. Screen Pre-blur(屏幕预模糊)

该属性用于设置抠除部分边缘的模糊效果。该数值越大，模糊效果越明显。

10. Screen Matte(屏幕蒙版)

Screen Matte(屏幕蒙版)属性组用于设置抠除区域影像的属性参数，如图12-42所示。

图12-42　Screen Matte(屏幕蒙版)属性组

Screen Matte(屏幕蒙版)属性组常用属性及其含义如下。

- Clip Black/White(修剪黑色/白色)：用于除去抠像区域的黑色/白色。
- Clip Rollback(修剪回滚)：用于恢复修剪部分的影像。
- Screen Shrink/Grow(屏幕收缩/扩展)：用于设置抠像区域影像的收缩或扩展参数。减小数值为收缩该区域影像，增大数值为扩展该区域影像。
- Screen Softness(屏幕柔化)：用于柔化抠像区域影像。该数值越大，柔化效果越明显。
- Screen Despot Black/White(屏幕独占黑色/白色)：用于显示图像中的黑色/白色区域。该数值越大，显示效果越突出。
- Replace Method(替换方式)：用于设置屏幕蒙版的替换方式，共有4种模式。
- Replace Colour(替换色)：用于设置蒙版的替换颜色。

11. Inside Mask(内侧遮罩)

Inside Mask(内侧遮罩)属性组主要用于为图像添加并设置抠像内侧的遮罩属性，如图12-43所示。

图12-43　Inside Mask(内侧遮罩)属性组

Inside Mask(内侧遮罩) 属性组常用属性含义如下。

- Inside Mask：用于设置内侧遮罩的方式。
- Inside Mask Softness：用于设置内侧遮罩的柔化程度。
- Invert：反转。
- Replace Method：用于设置内侧遮罩的替换方式。
- Replace Colour：用于设置遮罩的替换颜色。
- Source Alpha：源Alpha。

12. Outside Mask(外侧遮罩)

Outside Mask(外侧遮罩)属性组与内侧遮罩较为类似，主要用于为图像添加并设置抠像外侧的遮罩属性，如图12-44所示。

13. Foreground Colour Correction(前色校正)

Foreground Colour Correction(前色校正)属性组主要用于设置蒙版影像的色彩属性，如图12-45所示。

图12-44　Outside Mask(外侧遮罩)属性组

Foreground Colour Correction(前色校正)常用属性含义如下。

- Enable Colour Correction(启用颜色校正)：选中该复选框，可以对蒙版影像进行颜色校正。
- Saturation(饱和度)：用于设置抠像影像的色彩饱和度。该数值越大，饱和度越高。

- Contrast(对比度)：用于设置抠像影像的对比程度。

- Brightness(亮度)：用于设置抠像影像的明暗程度。

- Colour Suppression(颜色抑制)：通过设定抑制类型抑制某一颜色的色彩平衡和数量。

- Colour Balancing(颜色平衡)：可通过Hue和Sat两个属性控制蒙版的色彩平衡效果。

图12-45　Foreground Colour Correction
(前色校正)属性组

14. Edge Colour Correction(边缘色校正)

Edge Colour Correction(边缘色校正)属性参数与【前色校正】属性参数基本类似，主要对抠像边缘进行设置，如图12-46所示。

Edge Colour Correction(边缘色校正)属性组常用属性含义如下。

- Enable Edge Colour Correction：选中该复选框后，可以对蒙版影像进行边缘色校正。

- Edge Hardness(边缘锐化)：用于设置抠像蒙版边缘的锐化程度。

- Edge Softness(边缘柔化)：用于设置抠像蒙版边缘的柔化程度。

- Edge Grow(边缘扩展)：用于设置抠像蒙版边缘的大小。

图12-46　Edge Colour Correction
(边缘色校正)属性组

15. Source Crops(源裁剪)

Source Crops(源裁剪)属性组主要用于设置裁剪影像的属性类型，如图12-47所示。

Source Crops(源裁剪)属性组常用属性含义如下。

图12-47　Source Grops(源裁剪)属性组

- X/Y Method(X/Y方式)：用于设置X/Y轴向的裁剪方式，包括颜色、重复、包围、映射4种模式。

- Edge Colour(边缘色)：用于设置裁剪边缘的颜色。

- Edge Colour Alpha(边缘色Alpha)：用于设置裁剪边缘的Alpha通道颜色。

- Left/Right/Top/Bottom(左/右/上/下)：用于设置裁剪边缘的尺寸。

【例12-2】对人物进行精细抠像。

01 新建一个项目，然后将所需素材导入【项目】面板中，如图12-48所示。

02 新建一个合成，将导入的图片素材添加到【时间轴】面板的【图层】列表中，并将人物图层放置在上

图12-48　导入素材

方，如图12-49所示，在【合成】面板中预览图像，效果如图12-50所示。

图12-49　将素材添加到图层列表中

图12-50　图像效果

03 在【效果和预设】面板中选择Keying | Keylight(1.2)特效，如图12-51所示，将该特效添加到图层1的人物图层上。

04 在【效果控件】面板中展开Keylight(1.2)属性组，然后单击Screen Colour选项右侧的吸管工具，如图12-52所示。

图12-51　添加Keylight(1.2)特效

图12-52　单击吸管工具

05 使用吸管工具在【合成】面板中单击蓝色区域选取抠像颜色，如图12-53所示，抠像效果如图12-54所示。

图12-53　选取抠像颜色

图12-54　抠像效果

06 在【效果控件】面板中设置View(视图)类型为Screen Matte(屏幕蒙版)，如图12-55所示，在【合成】面板中的显示效果如图12-56所示。

图12-55 设置View(视图)类型

图12-56 屏幕蒙版效果

07 在【效果控件】面板中展开Screen Matte(屏幕蒙版)属性组，然后适当调整Clip Black (修剪黑色)和Clip White(修剪白色)参数，如图12-57所示。

08 在【效果控件】面板中设置View(视图)类型为Intermediate Result(中间结果)，如图12-58所示。

图12-57 调整Clip Black/White参数

图12-58 设置View(视图)类型

09 在图层列表中隐藏下方背景图层，在【合成】面板中的显示效果如图12-59所示。

10 在【效果控件】面板中适当调整Screen Shrink/Grow(屏幕收缩/扩展)和Screen Softness (屏幕柔和度)参数，缩小屏幕并柔化人物边缘的轮廓，如图12-60所示，效果如图12-61所示。

11 在图层列表中显示下方背景图层，完成本例的制作，效果如图12-62所示。

图12-59 隐藏下方图层

图12-60 调整Screen Shrink/Grow和Screen Softness参数

图12-61　调整人物边缘的轮廓

图12-62　最终效果

12.3　运动跟踪技术

运动跟踪和运动稳定技术在影视后期处理中被广泛应用，通常用于对画面中的一部分进行替换和跟随处理，或者将晃动的视频变得平稳。

12.3.1　运动跟踪定义

运动跟踪是根据对指定区域进行运动的跟踪分析，并自动创建关键帧，将跟踪结果应用到其他层或效果上，从而制作出动画效果，比如让一团烟雾跟随运动的人物。运动跟踪可以追踪运动过程中比较复杂的路径，如加速和减速以及变化复杂的曲线等。

对影片进行运动追踪时，合成图像中至少要有两个层，一个作为追踪层，另一个作为被追踪层，二者缺一不可。

12.3.2　跟踪器

运动跟踪也被称为点跟踪，可以跟踪一个点或多个点区域，从而得到跟踪区域位移数据。点跟踪包括一点跟踪和四点跟踪两种方式。跟踪器由两个方框和一个交叉点组成，交叉点即为追踪点，是运动追踪的中心；内层的方框是特征区域，可以精确追踪目标物体的特征，记录目标物体的亮度、色相和饱和度等信息，在后面的合成中匹配该信息来起作用；外层的方框是搜索区域，其作用是追踪下一帧的区域。

在创建跟踪与稳定时，可以在【跟踪器】面板中进行相关设置。选中一个图层，执行【动画】|【跟踪运动】命令，即可弹出【跟踪器】面板，在该面板中可设置跟踪器的相关参数，如图12-63所示。

❖ 提示：

搜索区域的大小与追踪对象的运动速度有关，追踪对象运动速度过快，搜索区域可以适当放大。

1. 一点跟踪

选择需要跟踪的图层，执行【动画】|【跟踪运动】命令，打开【跟踪器】面板，如

图12-63所示。选择目标对象，在【合成】面板中调整跟踪点和跟踪框，如图12-64所示。

图12-63 【跟踪器】面板

图12-64 调整跟踪点和跟踪框

在【跟踪器】面板中单击【向前分析】按钮，系统会自动创建关键帧，如图12-65所示。

图12-65 自动创建关键帧

❖ 提示：

由于跟踪分析需要较长的时间，因此搜索区域和特征区域设置得越大，跟踪分析所需时间就会越长。

2. 四点跟踪

四点跟踪是指跟踪四个点，四个点可以组成一个面，常用于制作显示器的跟踪特效。选择需要跟踪的图层，执行【动画】|【跟踪运动】命令，在弹出的【跟踪器】面板中单击【跟踪运动】按钮，并设置【跟踪类型】为【透视边角定位】，如图12-66所示。在【合成】面板中调整四个跟踪点的位置，如图12-67所示，然后单击【分析前进】按钮可预览跟踪效果。

图12-66 【跟踪器】面板

图12-67 调整跟踪点和跟踪框

❖ 提示：

由于视频中的对象在移动时，会伴随灯光、周围环境以及对象角度的变化，可能使原本明显的特征不能被识别，因此，重新调整特征区域和搜索区域，改变跟踪选项，以及再次重试是创建完美跟踪的关键。

12.4　上机练习

通过本章的学习，读者应该掌握视频抠像和运动跟踪的知识。下面将通过制作从天而降和消失的快艇案例，巩固本章所学的知识。

12.4.1　从天而降

案例名称：	从天而降
文件路径：	第12章\从天而降
技术掌握：	蒙版的应用、视频抠像处理、关键帧的设置

本案例将通过制作从天而降的动画效果，练习蒙版的应用、视频抠像处理和关键帧的设置。本例的最终效果如图12-68所示。

图12-68　案例效果

01 新建一个项目，然后将所需背景、人物等素材导入【项目】面板中，如图12-69所示。

02 新建一个合成，在【合成设置】对话框中设置视频的宽度、高度和持续时间，如图12-70所示。

图12-69　导入素材

图12-70　设置合成参数

03 将导入的人物和背景素材添加到图层列表中，如图12-71所示，在【合成】面板中预览图像的效果，如图12-72所示。

图12-71 添加素材　　　　　　　　　　图12-72 图像效果

04 将【人物.mp4】图层复制一次，然后将上方图层重命名为【跳跃.mp4】，如图12-73所示。

05 适当调整时间指示器，使人物处于从跳跃到快要落地的位置，如图12-74所示，然后选择【图层】|【时间】|【冻结帧】菜单命令，将当前图像冻结。

图12-73 复制并重命名图层　　　　　图12-74 设置图像所处的位置

06 选择冻结图像的图层，使用【钢笔】工具沿人物边缘绘制一个蒙版，如图12-75所示。然后在图层列表中设置蒙版的混合模式为【相加】，如图12-76所示。

图12-75 绘制蒙版　　　　　　　　　图12-76 设置蒙版混合模式

07 将时间指示器移到第2秒3帧的位置，为【位置】选项添加一个关键帧，并将人物从上方移出画面，如图12-77所示。

08 将时间指示器移到第2秒9帧的位置，为【位置】选项添加一个关键帧，并将人物移到最初的位置，如图12-78所示。

图12-77 设置位置关键帧(一)　　　　图12-78 设置位置关键帧(二)

09 在第2秒9帧的位置，按Alt+[组合键，将【人物.mp4】素材的前面部分进行修剪，按Alt+]组合键，将【跳跃.mp4】素材的后面部分进行修剪，如图12-79所示。

图12-79　修剪素材

10 在图层列表中打开【跳跃.mp4】素材的【运动模糊】功能，如图12-80所示，使素材产生运动模糊效果，如图12-81所示。

图12-80　打开【运动模糊】功能

图12-81　产生运动模糊效果

11 将【地裂.mp4】素材添加到图层列表中，并将入点设置在第2秒9帧的位置，如图12-82所示。

图12-82　添加【地裂.mp4】素材

12 将Keylight(1.2)特效添加到【地裂.mp4】素材上，在【效果控件】面板中单击Screen Colour选项右侧的【吸管】按钮，如图12-83所示，然后在【合成】面板中拾取绿色作为抠除的颜色，如图12-84所示。

图12-83　单击【吸管】按钮

图12-84　拾取抠除的颜色

13 抠除绿色后的效果如图12-85所示，然后适当调整地裂视频的大小和位置，如图12-86所示。

图12-85 抠除绿色后的效果

图12-86 调整素材的大小和位置

14 将【色相/饱和度】特效添加到【地裂.mp4】素材上，在【效果控件】面板中将【主饱和度】的值设置为-82，如图12-87所示，将图像的饱和度降低，效果如图12-88所示。

图12-87 设置【主饱和度】

图12-88 降低饱和度后的效果

15 将【冲击波.mp4】素材添加到图层列表中，然后打开【3D图层】功能，设置混合模式为【相加】，如图12-89所示，图像效果如图12-90所示。

图12-89 设置【冲击波.mp4】素材

图12-90 冲击波效果

16 在图层列表中对冲击波的【缩放】和【X轴旋转】值进行适当调整，如图12-91所示，调整后的冲击波效果如图12-92所示。

图12-91 设置冲击波的大小和旋转值

图12-92 调整后的冲击波效果

17 将时间指示器移至0:00:02:20的位置，然后按N键对时间轴中的工作区进行修剪，再右击工作区滑块，在弹出的快捷菜单中选择【将合成修剪至工作区域】命令，如图12-93所示。

18 将【人物.mp4】图层复制一次，并将复制的图层放在最上方，如图12-94所示。

图12-93 修剪并合成工作区域

图12-94 复制【人物.mp4】图层

19 将时间指示器移到第2秒12帧的位置，然后使用【钢笔工具】沿着人物边缘绘制一个蒙版，如图12-95所示，在图层列表中设置蒙版的混合模式为【相加】，如图12-96所示。

图12-95 沿人物边缘绘制蒙版

图12-96 设置混合模式为【相加】

20 将音效素材添加到图层列表中，适当调整音效的位置，完成本例的制作，如图12-97所示。

图12-97 添加音效

21 按空格键对影片进行播放，可以在【合成】面板中预览编辑好的影片效果，如图12-98所示。

图12-98 预览影片效果

12.4.2 消失的快艇

案例名称:	消失的快艇
文件路径:	第12章\消失的快艇
技术掌握:	蒙版的跟踪设置、图像内容识别填充

本案例将通过制作消失的快艇,练习蒙版跟踪设置和图像内容识别填充的方法。本例的最终效果如图12-99所示。

图12-99 案例效果

01 新建一个项目,然后在【项目】面板中导入素材,如图12-100所示。

02 将导入的素材添加到【时间轴】面板的【图层】列表中,如图12-101所示。

图12-100 导入素材

图12-101 在图层列表中添加素材

03 使用【钢笔工具】绘制一个蒙版,将快艇圈上,如图12-102所示,在【图层】列表中选中创建的蒙版,如图12-103所示。

图12-102 绘制蒙版

图12-103 选中创建的蒙版

04 打开【跟踪器】面板,单击【向前跟踪所选蒙版】按钮 ▶ ,如图12-104所示,系统将沿着蒙版圈选的对象创建运动关键帧,如图12-105所示。

图12-104　单击【向前跟踪所选蒙版】按钮　　　　图12-105　创建运动关键帧

❖ 提示：

　　系统创建跟踪关键帧时，如果有些地方的位置不准确，可以手动调整部分关键帧的位置，对跟踪对象进行调节。

　　05 在图层列表中设置蒙版的混合模式为【相减】，如图12-106所示，将蒙版中的图像减去，如图12-107所示。

图12-106　设置蒙版混合模式　　　　　　　图12-107　减去蒙版中的图像

　　06 打开【内容识别填充】面板，设置填充方法为【边缘混合】，然后单击【生成填充图层】按钮，如图12-108所示，对蒙版中的图像进行内容识别填充后的效果如图12-109所示。

图12-108　设置内容识别填充选项　　　　　　图12-109　内容识别填充效果

❖ 提示：

　　对图像进行内容识别填充后，在【图层】列表中会添加一个【填充】图层。

07 将【项目】面板中的【快艇.mp4】素材再次添加到图层列表中，放在图层列表的最上方，在第0秒处为【不透明度】选项添加一个关键帧，设置不透明度为100%，如图12-110所示。

08 将时间指示器移到第5秒的位置，为【不透明度】选项添加一个关键帧，设置不透明度为0，如图12-111所示，使上方图层中的图像渐渐变为透明。

图12-110　设置【不透明度】关键帧(一)　　　　　图12-111　设置【不透明度】关键帧(二)

09 按空格键对影片进行播放，可以在【合成】面板中预览快艇逐渐消失的动画效果，如图12-112所示。

图12-112　预览快艇逐渐消失的动画效果

12.5　习题

1. 要对明暗对比度特别强烈的素材进行抠像，通过特效数值的调整来抠除素材的亮部或者暗部，使用什么特效更为适合？

2. 通过RGB、色调、色度等信息来对素材进行抠像，使用什么特效更为适合？

3. 对颜色对比强烈的素材进行抠图，通过特效数值的调整来抠除素材的某个颜色以及相近颜色，使用什么特效更为适合？

4. keylight(1.2)特效有什么特点？

5. 如何创建一点跟踪与四点跟踪？

6. 选取一段颜色差异明显的视频，对其中的某个对象进行抠像处理。

7. 选取一段运动视频，对某个对象进行跟踪并进行内容识别填充。

第13章

视频调色

视频调色是After Effects对图像素材进行色彩调整的一种技术，主要通过【颜色校正】特效对图像素材的亮度、对比度、色阶、色调、色相等属性进行调整，以修正图像的色彩，或用于增强图像的视觉效果，提升图像的视觉冲击力，从而传达不同的情绪和氛围，使观众更容易被吸引并留下深刻印象。

本章重点

- ○ 了解色彩基础知识
- ○ 掌握调整视频明暗度的方法
- ○ 掌握调整视频色彩的方法
- ○ 掌握快速修正视频色彩色调的方法

13.1 色彩基础

色彩作为视频最显著的画面特征，能够在第一时间引起观众的关注。色彩对人们的心理活动有着重要影响，特别是和情绪有非常密切的关系，当人们用眼睛观察自身所处的环境，色彩就首先闯入人们的视线，产生各种各样的视觉效果，带给人不同的视觉体会，直接影响着人的美感认知、情绪波动乃至生活状态、工作效率。下面介绍色彩的相关知识。

13.1.1 色彩模式

常用的色彩模式有RGB(表示红、绿、蓝)模式、CMYK(表示青、洋红、黄、黑)模式、Lab模式、灰度模式、索引模式、位图模式、双色调模式和多通道模式等。

色彩模式除确定图像中能显示的颜色数外，还影响图像通道数和文件大小，每个图像具有一个或多个通道，每个通道都存放着图像中颜色元素的信息。图像中默认的颜色通道数取决于其色彩模式。常见色彩模式及其特点如下。

- RGB模式：RGB模式俗称为三原色光的色彩模式或加色模式，也称真彩色模式，是最为常见的一种色彩模式。该模式由红、绿和蓝3种颜色按不同比例混合而成，任何一种色光都可以由RGB三原色混合得到，而当增加红、绿、蓝色光的亮度级别时，色彩也将变得更亮。电视、电影放映机等都依赖于这种模式。

- CMYK模式：CMYK模式是印刷时使用的一种颜色模式，由Cyan(青)、Magenta(洋红)、Yellow(黄)和Black(黑)4种色彩组成。为了避免和RGB三基色中的Blue(蓝色)发生混淆，其中的黑色用K来表示。这种模式主要应用于图像的打印输出，所有商业打印机使用的都是这种模式。

- YUV模式：YUV的重要性在于它的亮度信号Y以及色度信号UV是分离的，彩色电视采用YUV模式正是为了用亮度信号Y解决彩色电视机和黑白电视机的兼容问题，如果只有Y分量而没有UV分量，这样表示的图像就为黑白灰度效果。

- HSB模式：HSB模式是根据人的视觉特点，用色相H、饱和度S以及亮度B来表现色彩，它不仅简化了图像分析和处理的工作量，也更加适合人的视觉特点。

- Lab模式：Lab模式是国际照明委员会发布的一种色彩模式，由RGB三基色转换而来。其中L表示图像的亮度，取值范围为0~100；a表示由绿色到红色的光谱变化，取值范围为-120~120；b表示由蓝色到黄色的光谱变化，取值范围和a分量相同。

- 灰度模式：灰度模式属于非色彩模式。它只包含256级不同的亮度级别，并且只有一个Black通道。在图像中看到的各种色调都是由256种不同亮度的黑色表示。任何一种色彩模式都可以转换为灰度模式，灰度模式也可以转换为任何一种色彩模式。灰度模式的应用十分广泛，在成本相对低廉的黑白印刷中，许多图像都采用了灰度模式。

13.1.2 色彩深度

色彩深度是指在一个图像中的颜色数量，也称为位深度，"位"(bit)是计算机存储器里的最小单元,用来记录每一像素色彩的值。常见的色彩深度是1位、8位、24位、32位,图像的色彩越丰富,"位"就越多,意味着图像具有较多的可用颜色和较精确的颜色表示。

13.1.3 色彩三要素

色彩是由色相、饱和度和明度这3个要素组成的,下面介绍一下各要素的特点。

1. 色相

色相是色彩的一种最基本的感觉属性,这种属性可以使人们将光谱上的不同部分区分开来,即按红、橙、黄、绿、青、蓝、紫等色彩感觉区分色谱段。缺失了这种视觉属性,色彩就像全色盲人的世界那样。根据有无色相属性,可以将外界引起的色彩感觉分成两大体系:有彩色系与非彩色系。

- 有彩色系:有彩色系是指红、橙、黄、绿、青、蓝、紫等颜色。不同明度和纯度的红橙黄绿青蓝紫色调都属于有彩色系。有彩色系是由光的波长和振幅决定的,波长决定色相,振幅决定色调。有彩色系具有色相、饱和度和明度三个量度,如图13-1所示。

- 非彩色系:非彩色系是指白色、黑色和由白色黑色调和形成的各种深浅不同的灰色系,即不具备色相属性的色觉。非彩色系只有明度一种量度,其饱和度为零,如图13-2所示。

图13-1 有彩色系

图13-2 非彩色系

在阳光的作用下,大自然中的色彩变化是丰富多彩的,人们在这丰富的色彩变化当中,逐渐认识和了解了颜色之间的相互关系,并根据它们各自的特点和性质,总结出色彩的变化规律,并把颜色概括为原色、间色和复色3大类。

- 原色:又称"三原色",即红、黄、蓝3种基本颜色,如图13-3所示。自然界中的色彩种类繁多,变化丰富,但这3种颜色却是最基本的原色,原色是其他颜色调配不出来的。把原色相互混合,可以调和出其他颜色。

- 间色:又称"二次色"。它是由三原色调配出来的颜色。红与黄调配出橙色;黄与蓝调配出绿色;红与蓝调配出紫色。橙、绿、紫三种颜色又叫"三间色"。在调配时,由于原色在分量多少上有所不同,因此能产生丰富的间色变化,如图13-4所示。

- 复色:又称"复合色"。复色是用原色与间色相调或用间色与间色相调而成的"三次色"。复色是最丰富的色彩家族，千变万化，丰富异常。复色包括除原色和间色外的所有颜色，如图13-5所示。

图13-3 三原色

图13-4 间色

图13-5 复色

❖ 提示：

色相在色相环上的距离超过60°~130°的色彩搭配，称为对比色。其个性大于共性，相互对立冲突属于强烈的色彩对比，对比效果鲜明、丰富、刺激。对比适度使人感到兴奋、激动；对比不当则令人眼花缭乱，刺激神经，过度会使人心烦意乱。

2. 饱和度

饱和度是指色彩的纯度。饱和度是使人们对有色相属性的视觉在色彩鲜艳程度上做出评判的视觉属性。有彩色系的色彩，其鲜艳程度与饱和度成正比，根据人们使用色素物质的经验，色素浓度越高，颜色越浓艳，饱和度也越高。高饱和度会给人一种艳丽的感觉，如图13-6所示；低饱和度会给人一种灰暗的感觉，如图13-7所示。

图13-6 高饱和度效果

图13-7 低饱和度效果

3. 明度

明度是一种可以使人们区分出明暗层次的非彩色觉的视觉属性。这种明暗层次决定亮度的强弱，即光刺激能量水平的高低。根据明度感觉的强弱，从最明亮到最暗可以分成3段水平：白—高明度端的非彩色觉、黑—低明度端的非彩色觉、灰—介于白与黑之间的中间层次明度感觉，如图13-8和图13-9所示。

图13-8 明度梯尺

图13-9 各种彩色对应明度

13.2 调整视频明暗度

通过对视频图像明暗度的调整可以提高图像的清晰度。在After Effects中，常用于调整视频图像明暗度的特效包括【亮度和对比度】【阴影/高光】【曲线】【色阶】【曝光度】等，这些特效可以在【颜色校正】类特效组中找到。

13.2.1 亮度和对比度

【亮度和对比度】特效通过控制器调整素材的亮度和对比度属性，应用该特效前后的对比效果如图13-10和图13-11所示。

图13-10　素材效果

图13-11　【亮度和对比度】调整效果

【亮度和对比度】特效的属性参数如图13-12所示。

【亮度和对比度】特效中主要参数的作用如下。

图13-12　【亮度和对比度】属性参数

○　亮度：用于调整素材的亮度，该数值越大，亮度越高。

○　对比度：用于调整素材的对比度，该数值越大，对比度越高。

13.2.2 阴影/高光

【阴影/高光】特效用于校正由于逆光造成的暗部过暗，或者曝光过度造成的亮度过亮等问题。该特效较为智能的地方在于，它能相对于暗部和亮部周围的像素来相应地进行调节，而不是整体地对整个素材进行调整，应用该特效前后的对比效果如图13-13和图13-14所示。

图13-13　素材效果

图13-14　【阴影/高光】调整效果

【阴影/高光】特效的属性参数如图13-15所示。

【阴影/高光】特效中主要参数的作用如下。

图13-15 【阴影/高光】属性参数

- 自动数量：选中该复选框后，则应用特效的自动值对素材进行调整。
- 阴影数量：用于手动调整素材的暗部。
- 高光数量：用于手动调整素材的亮部。
- 更多选项：在该选项下有更细致的选项，用来帮助用户手动调整素材。
- 与原始图像混合：用于调整特效与原素材的混合程度。

13.2.3 曲线

【曲线】特效用于调整素材的色调和明暗度，应用该特效前后的对比效果如图13-16和图13-17所示。

图13-16 素材效果

图13-17 【曲线】调整效果

【曲线】特效与其他调整色调和明暗度特效不同的是，它可以精确地调整高光、中间调和暗部中任何部分的色调与明暗度，还可以对素材的各个通道进行控制、调节色调，在曲线上最多可设置16个控制点。【曲线】特效的属性参数如图13-18所示。

图13-18 【曲线】属性参数

【曲线】特效中主要参数的作用如下。

- 通道：选择需要调整的颜色通道。
- 按钮：选中该按钮后可以对曲线进行修改。单击曲线，可以在曲线上增加控制点。在坐标区域内按住鼠标左键并拖动控制点可以编辑曲线。将控制点拖出坐标区域则删除控制点。
- 按钮：选中该按钮后，可以在坐标区域内绘制曲线来控制明暗效果。
- ：用来切换曲线视图的大小。
- 打开/保存：用于打开和存储调节好的曲线文件。
- 平滑：将设置的曲线转换为平滑的曲线。
- 重置：将曲线设置为初始状态。

13.2.4 色阶

【色阶】特效用于调整素材的亮部、中间调和暗部三部分的亮度和对比度，从而调整素材本身的亮度和对比度，应用该特效前后的对比效果如图13-19和图13-20所示。

图13-19 素材效果

图13-20 【色阶】调整效果

【色阶】特效的属性参数如图13-21所示。

【色阶】特效中主要参数的作用如下。

○ 通道：选择在整个颜色范围内调整或者在某个颜色通道内调整。

○ 直方图：用来显示素材中亮部、中间调和暗部三部分的分布情况。

○ 输入黑色/输入白色：用于设置输入图像中暗部和亮部的区域值，分别对应直方图最左侧和最右侧的两个小三角。

○ 灰度系数：用于设置中间调的区域值，对应直方图中间的小三角。

○ 输出黑色/输出白色：用于设置输出图像中黑色和白色的区域大小，分别由直方图下方的黑白色条上的两个小三角控制。

图13-21 【色阶】属性参数

❖ 提示：

【色阶(单独控件)】特效与【色阶】特效的应用方法相同，只是前者可以通过不同的颜色通道对素材的亮度、对比度和灰度系数进行设置。

13.2.5 曝光度

【曝光度】特效可以对素材的曝光程度进行调整，从而修整素材的整体曝光效果，应用该特效前后的对比效果如图13-22和图13-23所示。

图13-22 素材效果　　　　　　　　图13-23 【曝光度】调整效果

【曝光度】特效的属性参数如图13-24所示。

【曝光度】特效中主要参数的作用如下。

- 通道：选择曝光的通道为【主要通道】或【单个通道】。

- 主：选择【主要通道】时可调节的参数。用于调整整个素材的曝光度，可通过【曝光度】【偏移】【灰度系数校正】三个方面进行设置。

图13-24 【曝光度】属性参数

- 红色/绿色/蓝色：选择【单个通道】时可调节的参数，分别设置红、绿、蓝三色通道的曝光度、偏移和灰度系数校正的数值。

13.3 调整视频色彩

在后期影视合成制作中，视频色彩的调整非常重要，一个好的影视色彩可以让人赏心悦目。在【颜色校正】类特效组中除前面介绍的用于调整视频图像明暗度的特效外，还包括大量用于调整视频图像色彩的特效，下面对其中较为常用的特效进行介绍。

13.3.1 CC Color Neutralizer

CC Color Neutralizer特效通过控制图像的暗部、中间调和亮部的色彩平衡来调整图像本身的颜色效果，应用该特效的对比效果如图13-25所示，其属性参数如图13-26所示。

CC Color Neutralizer特效中主要参数的作用如下。

- Shadows Unbalance：通过控件设置暗部的颜色，调整暗部的色彩平衡。
- Shadows：调整暗部的红、绿、蓝三色数值。
- Midtones Unbalance：通过控件设置中间调部分的颜色，调整中间调的色彩平衡。
- Midtones：调整中间调的红、绿、蓝三色数值。
- Highlights Unbalance：通过控件设置亮部的颜色，调整亮部的色彩平衡。
- Highlights：调整亮部的红、绿、蓝三色数值。
- Pinning：加大调整后的暗部、中间调和亮部之间的对比度。

- Blend w. Original：设置调整后的效果与原素材的融合程度。当参数值为100%时完全融合。
- Special：对暗部和亮部的色彩饱和度进一步进行调整。

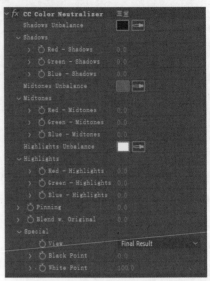

图13-25　CC Color Neutralizer调色对比效果　　　图13-26　CC Color Neutralizer属性参数

13.3.2　CC Color Offset

CC Color Offset特效通过控制图像的红、绿、蓝这3个颜色通道的色相来调整图像本身的颜色效果，应用该特效后的效果如图13-27所示，其属性参数如图13-28所示。

图13-27　CC Color Offset调色效果　　　　　图13-28　CC Color Offset属性参数

CC Color Offset特效中主要参数的作用如下。

- Red Phase：通过控件设置红色通道的色相。
- Green Phase：通过控件设置绿色通道的色相。
- Blue Phase：通过控件设置蓝色通道的色相。
- Overflow：用于应对映射颜色值超出正常范围的情况。

13.3.3　CC Toner

CC Toner特效将素材的色调分为不同的明度，通过调整各个明度的颜色来修改素材本身的颜色，应用该特效后的效果如图13-29所示，其属性参数如图13-30所示。

图13-29 CC Toner调色效果　　　　　　　　图13-30 CC Toner属性参数

CC Toner特效中主要参数的作用如下。

○ Tones：该参数用来选择划分素材明度的色调类型。

○ Highlights/Brights/Midtones/Darktones/Shadows：5种明度参数。根据Tones的色调类型不同，被启用的明度个数和种类也不同。

○ Blend w. Original：设置调整后的效果与原素材的融合程度。当参数值为100%时完全融合。

13.3.4 Lumetri颜色

【Lumetri颜色】特效有着非常强大的颜色调整功能，提供了专业质量的颜色分级和颜色校正工具，包括【基本校正】【创意】【曲线】【色轮】【HSL次要】【晕影】等多个参数面板，如图13-31~图13-33所示。

图13-31 Lumetri颜色参数(一)　　图13-32 Lumetri颜色参数(二)　　图13-33 Lumetri颜色参数(三)

对素材图像应用【Lumetri颜色】特效的对比效果如图13-34和图13-35所示。

图13-34 素材效果　　　　　　　　图13-35 Lumetri颜色效果

13.3.5　三色调

　　【三色调】特效的效果与设置原理与CC Toner基本相同，应用该特效后的效果如图13-36所示，其属性参数如图13-37所示。

图13-36　【三色调】调色效果　　　　　　　　　图13-37　【三色调】属性参数

13.3.6　自然饱和度

　　【自然饱和度】特效可以精细地调整图像饱和度，以便在颜色接近最大饱和度时最大限度地减少颜色的流失，在调整人物图像时还可防止肤色过度饱和，应用该特效后的效果如图13-38所示，其属性参数如图13-39所示。

图13-38　【自然饱和度】调色效果　　　　　　　图13-39　【自然饱和度】属性参数

13.3.7　通道混合器

　　【通道混合器】特效可以使图像原有的颜色通道与其他颜色进行混合，从而改变图像整体的色相。该特效多用于调整灰度图像的效果，应用该特效前后的对比效果如图13-40和图13-41所示。

图13-40　素材效果　　　　　　　　　　　图13-41　【通道混合器】效果

【通道混合器】特效的属性参数如图13-42所示。

【通道混合器】特效中主要参数的作用如下。

○ 红色、绿色、蓝色：3个颜色通道，可以分别调整某个颜色通道与其他颜色的混合程度。

○ 单色：选中该复选框后，图像从彩色图像变为黑白图像。此时再调整颜色的混合程度，则是调整图像各个颜色通道的明暗度。

图13-42 【通道混合器】属性参数

13.3.8 照片滤镜

【照片滤镜】特效可为素材直接添加已设置好的彩色滤镜，从而调整素材的色彩平衡和色相，应用该特效前后的对比效果如图13-43和图13-44所示。

图13-43 素材效果

图13-44 【照片滤镜】效果

【照片滤镜】特效的属性参数如图13-45所示。

【照片滤镜】特效中主要参数的作用如下。

○ 滤镜：包含多种已设置好的滤镜效果，用户可直接选择。

图13-45 【照片滤镜】属性参数

○ 颜色：当【滤镜】设置为自定义时，用户可以通过修改该参数的数值来设置自己想要的滤镜效果。

○ 密度：用于设置滤镜颜色的透明度，该数值越高，滤镜颜色透明度越低。

○ 保持发光度：用于保持素材原本的亮度和对比度。

13.3.9 灰度系数/基值/增益

【灰度系数/基值/增益】特效通过设置红、绿、蓝颜色通道的数值，从而调整整个素材的色彩效果，应用该特效后的效果如图13-46所示，其属性参数如图13-47所示。

【灰度系数/基值/增益】特效中主要参数的作用如下。

○ 黑色伸缩：用来控制素材中的黑色部分。

○ 红色灰度系数/绿色灰度系数/蓝色灰度系数：用来设置三色通道的灰度值。灰度值越大，该通道色彩对比度越小；灰度值越小，该通道色彩对比度越大。

○ 红色基值/绿色基值/蓝色基值：用于设置三色通道中的最小输出值，主要控制图像的暗部。

○ 红色增益/绿色增益/蓝色增益：用于设置三色通道中的最大输出值，主要控制图像的亮部。

图13-46　【灰度系数/基值/增益】效果　　　　图13-47　【灰度系数/基值/增益】属性参数

13.3.10　色调

【色调】特效将素材分为黑白两色，然后将黑白两部分分别映射为某种颜色，从而改变素材本身的色调，应用该特效后的效果如图13-48所示，其属性参数如图13-49所示。

图13-48　【色调】效果　　　　　　　　图13-49　【色调】属性参数

【色调】特效中主要参数的作用如下。
○ 将黑色映射到：用来设置图像中黑色和灰色部分映射成的颜色。
○ 将白色映射到：用来设置图像中白色部分映射成的颜色。
○ 着色数量：用于设置映射的程度。
○ 交换颜色：该按钮用来交换素材黑灰和白色部分的颜色。

13.3.11　色调均化

【色调均化】特效用于对素材的颜色色调进行平均化处理，应用该特效后的效果如图13-50所示，其属性参数如图13-51所示。

【色调均化】特效中主要参数的作用如下。
○ 色调均化：用来设置均化的方式。
○ 色调均化量：用来设置均化的程度。

图13-50　【色调均化】效果

13.3.12　色相/饱和度

【色相/饱和度】特效用于调整素材的颜色和色彩

图13-51　【色调均化】属性参数

的饱和度。与其他特效不同的是，该特效可以直接整体改变素材本身的色相，应用该特效后的效果如图13-52所示，其属性参数如图13-53所示。

图13-52 【色相/饱和度】效果

图13-53 【色相/饱和度】属性参数

【色相/饱和度】特效中主要参数的作用如下。

○ 通道控制：用来选择特效应用的颜色。选择【主】选项，则对全部颜色应用特效，也可选择应用于单独的某个颜色范围上。

○ 通道范围：用来显示调节颜色的范围。上面的色条表示调节前的颜色，下面的色条表示调节后的颜色。

○ 主色相：用于设置调节颜色的色相。

○ 主饱和度：用于设置调节颜色的饱和度。

○ 主亮度：用于设置调节颜色的亮度。

○ 彩色化：选中该复选框后，素材将被转换为单色调。

○ 着色色相/着色饱和度/着色亮度：这3个选项用来控制单色调特效的色相、饱和度和亮度。

13.3.13 保留颜色

【保留颜色】特效通过调整参数来指定图像中被保留下来的颜色，其他颜色则转换为灰色效果，图13-54和图13-55所示是应用该特效保留图像中绿色的对比效果。

图13-54 素材效果

图13-55 保留绿色效果

【保留颜色】特效的属性参数如图13-56所示。

【保留颜色】特效中主要参数的作用如下。

○ 脱色量：用来控制除被选中颜色外颜色的脱色百分比。

图13-56 【保留颜色】属性参数

- 要保留的颜色：通过颜色拾取器来选择素材中需要被保留下来的颜色。
- 容差：用于调整被保留颜色的容差程度，该数值越大，被保留颜色的面积越大。
- 边缘柔和度：通过调整数值设置被保留颜色边缘的柔和度。
- 匹配颜色：选择匹配颜色的模式。

13.3.14　可选颜色

【可选颜色】特效可以对素材中指定的某种颜色部分进行调整，从而修整素材的色彩效果，图13-57和图13-58所示是应用该特效对图像中的红色进行调整的对比效果。

图13-57　素材效果

图13-58　调整红色后的效果

【可选颜色】特效的属性参数如图13-59所示。

【可选颜色】特效中主要参数的作用如下。

- 方法：选择划分素材中颜色的方法。
- 颜色：选择需要调整的素材中的某个颜色部分。
- 青色/洋红色/黄色/黑色：从这4种颜色倾向的多少来调整被选择颜色部分的色相。

图13-59　【可选颜色】属性参数

13.3.15　更改颜色

【更改颜色】特效用于改变素材中某种颜色区域的色相、亮度和饱和度，图13-60所示是应用该特效更改图像中绿色后的效果，该特效的属性参数如图13-61所示。

图13-60　更改绿色后的效果

图13-61　【更改颜色】属性参数

【更改颜色】特效中主要参数的作用如下。

- 视图：选择视图模式为【校正的图层】或【颜色校正蒙版】。

- 色相变换/亮度变换/饱和度变换：用来调节被选中颜色所属区域的色相、亮度和饱和度数值。
- 要更改的颜色：通过颜色拾取器来选择素材中需要被更改的颜色。
- 匹配容差：用于调整被选中颜色的容差程度。
- 匹配柔和度：控制修正颜色的柔和度。
- 匹配颜色：选择某种颜色模式为基础匹配色。
- 反转颜色校正蒙版：选中该复选框，将调换被选中颜色区域与其他未被选中区域的特效效果。

13.3.16 更改为颜色

【更改为颜色】特效与【更改颜色】特效的功能基本相似，该特效的属性参数如图13-62所示。

【更改为颜色】特效中主要参数的作用如下。

- 自：通过颜色拾取器来选择素材中需要被更改的颜色。
- 至：通过颜色拾取器来选择替换的颜色。
- 更改：选择更改时所包含的属性内容。
- 更改方式：选择颜色替换的方式。
- 容差：用于调整被选中颜色的容差程度。
- 柔和度：用于控制修正颜色的柔和度。

图13-62 【更改为颜色】属性参数

13.3.17 颜色平衡

【颜色平衡】特效通过调整素材的暗部、中部、亮部的三色平衡，从而使素材自身整体色彩平衡，应用该特效后的效果如图13-63所示，其属性参数如图13-64所示。

图13-63 【颜色平衡】效果

图13-64 【颜色平衡】属性参数

【颜色平衡】特效中主要参数的作用如下。

- 阴影红色/绿色/蓝色平衡：用于设置素材阴影部分的红、绿、蓝三个颜色通道的色彩平衡值。
- 中间调红色/绿色/蓝色平衡：用于设置素材中间调部分的色彩平衡值。
- 高光红色/绿色/蓝色平衡：用于设置素材高光部分的色彩平衡值。

13.3.18 颜色平衡(HLS)

【颜色平衡(HLS)】特效与【颜色平衡】特效的应用方法相同。两者的区别在于：【颜色平衡(HLS)】特效是通过素材的HLS属性进行颜色平衡调整的，HLS指素材的色相、亮度和饱和度；【颜色平衡】特效是通过素材的RGB属性进行调整的。【颜色平衡(HLS)】特效的属性参数如图13-65所示。

图13-65　【颜色平衡(HLS)】属性参数

13.3.19 颜色链接

【颜色链接】特效是将某个素材的混合色调(如图13-66所示)作为蒙版来对当前层的素材(如图13-67所示)进行色彩叠加，从而改变素材自身的色调，效果如图13-68所示。

图13-66　使用的混合色调　　　　图13-67　素材效果　　　　图13-68　颜色链接叠加效果

【颜色链接】特效的属性参数如图13-69所示。

图13-69　【颜色链接】属性参数

【颜色链接】特效中主要参数的作用如下。

- ❑　源图层：用来选择作为蒙版的图层。
- ❑　示例：用来选择蒙版图层的颜色基准。
- ❑　剪切(%)：用于设置对蒙版图层调节的程度。
- ❑　模板原始Alpha：如果作为蒙版图层有透明区域，可以通过选中该复选框来应用该图层的透明区域。
- ❑　不透明度：用于设置蒙版的不透明度。
- ❑　混合模式：用于设置蒙版和被调节图层之间的混合模式。该选项也是颜色链接特效被应用的关键选项。

13.3.20 黑色和白色

【黑色和白色】特效可以将素材转换为黑白色(如图13-70所示)或单一色调(如图13-71所示的淡黄色调)。

图13-70　黑白色效果

图13-71　淡黄色调效果

【黑色和白色】特效的属性参数如图13-72所示。

【黑色和白色】特效中主要参数的作用如下。

○　红色/黄色/绿色/青色/蓝色/洋红：用来调整素材本身相对应色系的明暗度。

○　淡色：选中该复选框，可以将素材转换为某种单一色调。

○　色调颜色：用于设置单一色调的颜色。

图13-72　【黑色和白色】
属性参数

13.3.21　色光

【色光】特效用于给素材重新上色，大多用于色彩方面的动画，应用该特效前后的对比效果如图13-73和图13-74所示。

After Effects　After Effects

图13-73　素材效果　　　　　　　　　　　图13-74　【色光】效果

【色光】特效的属性参数如图13-75所示。

图13-75　【色光】属性参数

【色光】特效中主要参数的作用如下。

○ 输入相位：用于设置素材的色彩相位。【获取相位，自】用来选择素材色彩相位的
色彩通道；【添加相位】可以选择为素材添加其他素材的色彩相位；【添加相位，
自】用来选择其他素材相位的色彩通道；【添加模式】用来选择其他素材相位与原
素材相位的融合模式；【相移】用来设置相位的移动与旋转。

○ 输出循环：用来设置映射色彩。【使用预设调板】用来选择特效自带的设置好的映
射色彩；【输出循环】通过调整三角色块来自行设置映射的色彩；【循环重复次
数】用来设置映射颜色的循环次数；【插值调板】复选框被选中后，映射色彩将以
色块的方式呈现。

○ 修改：对设置好的映射效果进行修改。

○ 像素选区：指定特效所影响的颜色。

○ 蒙版：用于指定一个控制色光特效的蒙版层。

○ 在图层上合成：用于设置特效是否与素材相合成。

○ 与原始图像混合：用于设置特效与素材的混合程度。

13.4 快速修正视频色彩色调

在After Effects中，当图像的某个颜色值明显偏差于正常值时，可以使用【自动对比度】
【自动色阶】或【自动颜色】等特效快速修正视频图像的整体色彩。

13.4.1 自动对比度

【自动对比度】特效不仅能自动调整图像色彩的对比度，还能调整图像的明暗度。该
特效是通过剪切图像中的阴影和高光值，并将图像剩余部分的最亮和最暗像素映射到色阶为
255(纯白)和色阶为 0(纯黑)的程度，让图像中的高光看上去更亮，阴影看上去更暗。应用该
特效前后的对比效果如图13-76和图13-77所示。

图13-76　素材效果　　　　　　　　　　　　　图13-77　【自动对比度】效果

13.4.2 自动色阶

当图像总体出现偏色时，可以使用【自动色阶】特效自动调整图像中的高光和暗调，使
图像具有较好的层次效果。

　　【自动色阶】特效将每个颜色通道中的最亮和最暗像素定义为白色和黑色，然后按比例重新分布中间像素值。默认情况下，【自动色阶】特效会剪切白色和黑色像素的0.1％，来忽略一些极端的像素。应用该特效前后的对比效果如图13-78和图13-79所示。

图13-78　素材效果　　　　　　　　　　图13-79　【自动色阶】效果

13.4.3　自动颜色

　　【自动颜色】特效通过搜索图像来调整图像的对比度和颜色。与【自动色阶】和【自动对比度】相同，使用【自动颜色】特效后，系统会自动调整图像颜色。应用该特效前后的对比效果如图13-80和图13-81所示。

图13-80　素材效果　　　　　　　　　　图13-81　【自动颜色】效果

13.5　上机练习

　　通过本章的学习，读者需要掌握视频的调色技术。下面将通过制作暖色调影片和老电影案例，巩固练习本章所学的知识。

13.5.1　制作暖色调影片

案例名称：	暖色调影片
文件路径：	第13章\暖色调影片
技术掌握：	【照片滤镜】与【色相/饱和度】特效的应用

　　本案例将通过制作暖色调影片，练习【照片滤镜】与【色相/饱和度】特效的应用。本例

对图像进行调整的前后对比效果如图13-82所示。

图13-82　案例对比效果

01 新建一个项目，然后将所需素材导入【项目】面板中，如图13-83所示。

02 选择【合成】|【新建合成】菜单命令，在打开的【合成设置】对话框中设置视频【预设】，然后单击【确定】按钮，建立一个新的合成，如图13-84所示。

图13-83　导入素材　　　　　　　　　　　图13-84　设置合成参数

03 将导入的素材添加到图层列表中，如图13-85所示，在【合成】面板中预览图像，效果如图13-86所示。

图13-85　在图层列表中添加素材　　　　　　图13-86　图像预览效果

04 在【图层】列表中右击，然后在弹出的快捷菜单中选择【新建】|【调整图层】命令，如图13-87所示，新建一个调整图层，如图13-88所示。

图13-87 选择【调整图层】命令

图13-88 新建调整图层

05 选择调整图层，然后选择【效果】|【颜色校正】|【照片滤镜】菜单命令，为调整图层添加【照片滤镜】效果，在【效果控件】面板中设置照片滤镜的参数(如图13-89所示)，调整后的素材效果如图13-90所示。

图13-89 设置【照片滤镜】特效参数

图13-90 调整后的素材效果

06 选择【效果】|【颜色校正】|【色相/饱和度】菜单命令，为调整图层添加【色相/饱和度】效果，在【效果控件】面板中设置【主饱和度】为35，如图13-91所示，调整素材后的最终效果如图13-92所示。

图13-91 设置【主饱和度】

图13-92 最终效果

13.5.2 制作老电影效果

案例名称：	老电影
文件路径：	第13章\老电影
技术掌握：	【黑色和白色】与【色相/饱和度】特效的应用

本案例将通过制作老电影效果，练习【黑色和白色】与【色相/饱和度】特效的应用。本例对图像进行调整的前后对比效果如图13-93所示。

图13-93　案例对比效果

01 新建一个项目，然后将所需素材导入【项目】面板中，如图13-94所示。

02 选择【合成】|【新建合成】菜单命令，在打开的【合成设置】对话框中设置视频【预设】，然后单击【确定】按钮，建立一个新的合成，如图13-95所示。

图13-94　导入素材

图13-95　设置合成参数

03 将导入的素材添加到图层列表中，如图13-96所示，在【合成】面板中预览图像，效果如图13-97所示。

图13-96　在图层列表中添加素材

图13-97　图像预览效果

04 选择【图层】|【新建】|【调整图层】菜单命令，新建一个调整图层，如图13-98所示。

05 在【效果和预设】面板中展开【颜色校正】选项组，然后选择【黑色和白色】效果，如图13-99所示，将其添加到调整图层上。

图13-98 新建调整图层　　　　　　　　图13-99 选择【黑色和白色】效果

06 在【效果控件】面板中选中【淡色】选项右侧的复选框，如图13-100所示。在【合成】面板中对添加特效的影片进行预览，效果如图13-101所示。

图13-100 设置【黑色和白色】特效参数　　　图13-101 影片效果

07 将【效果和预设】面板中的【色相/饱和度】特效添加到调整图层上，在【效果控件】面板中设置【主饱和度】为-18，如图13-102所示。

08 将【效果和预设】面板中的【杂色】特效添加到调整图层上，在【效果控件】面板中设置【杂色数量】为12%，如图13-103所示。

图13-102 设置【主饱和度】为-18　　　　图13-103 设置【杂色数量】为12%

09 将【效果和预设】面板中的【镜头光晕】特效添加到调整图层上,在【效果控件】面板中将【镜头光晕】特效调整到其他特效的上方,然后适当调整光晕的中心位置,如图13-104所示。在【合成】面板中对影片进行预览,最终效果如图13-105所示。

图13-104 设置【镜头光晕】特效参数

图13-105 最终效果

13.6 习题

1. 常用的色彩模式有哪些?

2. 色彩深度是指什么?

3. 色彩三要素包括什么?

4. 在After Effects中,常用于调整视频图像明暗度的特效包括哪些?这些特效存放在哪类特效组中?

5. 【Lumetri颜色】特效的特点和作用是什么?

6. 【照片滤镜】特效的作用是什么?

7. 【可选颜色】特效的特点和作用是什么?

8. 创建一个项目,练习本章讲解的视频调色特效。

第14章

添加与编辑音频

在影视作品中，音频的编辑是不可缺少的一部分。适当的背景音乐可以给人们带来喜悦或神秘的感觉。本章将介绍音频编辑的相关知识，包括音频的基础知识、音频素材的添加与编辑方法。

本章重点

- 了解音频知识
- 添加与编辑音频
- 应用【音频】面板

14.1 音频基础知识

在After Effects中进行音频编辑之前，需要对声音及描述声音的术语有所了解，这有助于了解正在使用的声音类型是什么，以及声音的品质如何。

14.1.1 音频采样

在数字声音中，数字波形的频率由采样率决定。许多摄像机使用32kHz的采样率录制声音，每秒录制32 000个样本。采样率越高，声音可以再现的频率范围也就越广。若要再现特定频率，通常应该使用双倍于频率的采样率对声音进行采样。因此，要再现人们可以听到的20 000Hz的最高频率，所需的采样率至少是每秒40 000个样本(CD是以44 100Hz的采样率进行录音的)。

将音频素材导入【项目】面板中后，会显示声音的采样率和声音位等相关参数，图14-1所示的音频是44 100Hz采样率和32位声音位的立体声音频。

图14-1 音频的相关参数

14.1.2 声音位

在数字化声音时，由数千个数字表示振幅或波形的高度和深度。在这期间，需要对声音进行采样，以数字方式重新创建一系列的1和0。

高品质的数字录音使用的位也更多。CD品质的立体声最少使用16位(较早的多媒体软件有时使用8位的声音速率，这会提供音质较差的声音，但生成的数字声音文件更小)。因此，可以将CD品质声音的样本数字化为一系列16位的1和0(例如，1011011011101010)。

14.1.3 比特率

比特率是指每秒传送的比特数，单位为bps(bit per second)，也可表示为b/s。声音中的比特率是指将模拟声音信号转换成数字声音信号后，单位时间内的二进制数据量，是间接衡量音频质量的一个指标。

声音中的比特率(码率)原理与视频中的相同，都是指由模拟信号转换为数字信号后，单位时间内的二进制数据量。声音的比特率类似于图像分辨率，高比特率生成更流畅的声波，就像高图像分辨率能生成更平滑的图像一样。因此，比特率越高，单位时间传送的数据量(位数)越大，音视频的质量就越好，但编码后的文件就越大；如果比特率越小，则情况刚好相反。

14.1.4 声音文件的大小

声音的位深越大，采样率就越高，而声音文件也会越大。因为声音文件(如视频)可能会非常大，因此估算声音文件的大小很重要。我们可以通过位深乘以采样率来估算声音文件的大小。因此，采样率为44 100Hz的16位单声道音轨(16-bit′44100)1秒钟可以生成705 600位(每秒88 200字节)，每分钟就是5MB多，而立体声素材的大小是此大小的两倍。

14.2　添加音频

　　为影片添加音频，首先需要将音频素材导入项目中，如图14-2所示，然后将导入的音频素材添加到图层列表中进行编辑即可，如图14-3所示。

图14-2　导入音频素材

图14-3　添加音频

14.3　编辑音频

　　在影片中添加音频素材后，通常还需要对其进行编辑。在After Effects中，可以控制音频开关和音频音量。

14.3.1　剪切音频

　　当音频素材过长时，在【时间轴】面板中拖动音频素材入点，可以调整素材的入点位置，如图14-4所示；拖动音频素材出点，可以调整素材的出点位置，如图14-5所示，从而完成对音频的修剪。

图14-4　拖动素材入点

图14-5　拖动素材出点

❖ 提示:

在图层列表中选中要修剪的素材，然后移动时间指示器，按Alt+[组合键，可以修剪素材的入点；按Alt+]组合键，可以修剪素材的出点。

14.3.2　设置音频持续时间

除可以通过调整音频素材的入点和出点位置来调整音频的长度外，还可以通过设置音频的持续时间来调整音频的长度。

在图层列表中选中要修改持续时间的素材，然后选择【图层】|【时间】|【时间伸缩】菜单命令，或者在图层列表中右击要修改的素材，然后在弹出的快捷菜单中选择【时间】|【时间伸缩】菜单命令，如图14-6所示，在打开的【时间延长】对话框中即可重新设置素材的持续时间，如图14-7所示。

图14-6　选择【时间伸缩】命令

14.3.3　控制音频开关

将音频素材添加到图层列表中后，可以看到音频图层中音频开关处于打开状态，单击该按钮，如图14-8所示，可以关闭音频，音频开关图标将变为，如图14-9所示。

图14-7　重新设置持续时间

图14-8　单击音频开关按钮

图14-9　关闭音频

14.3.4　控制音频音量

展开音频图层，将显示【音频】属性，其中包括【音频电平】和【波形】两个属性，调整【音频电平】参数，可以控制音频的音量；在【波形】选项一栏中可以直观地显示音频的变化，如图14-10所示。

图14-10　展开音频属性

提示：

　　大部分视频素材也会包括音频轨道，所以视频素材同样具有音频属性，展开其音频属性，音频设置方法与纯音频素材的设置方法相同。

14.4　应用【音频】面板

　　通过【音频】面板也可以调节声音的大小，还可以直观地查看音量是否处于安全区域。选择【窗口】|【音频】菜单命令，可以打开【音频】面板，如图14-11所示。

　　【音频】面板中的三个滑块用于调节声音的大小。中间滑块调节整个音频的音量；左侧的滑块用于调节左声道音量；右侧的滑块用于调节右声道音量。

图14-11　【音频】面板

　　在播放音频时，【音频】面板左侧将显示声音的音量在绿色、黄色、红色间波动的状态。绿色表示声音大小在安全范围内；黄色表示声音大小在警告范围内；红色表示声音太大且超出了安全范围。

14.5　上机练习

　　通过本章的学习，读者需要掌握音频的添加与编辑方法。下面将通过倒计时配音和制作淡入淡出声音效果，巩固练习本章所学的知识。

14.5.1　倒计时配音

案例名称：	倒计时配音
文件路径：	第14章\倒计时配音
技术掌握：	音频的添加和编辑操作

　　本案例将通过倒计时配音，练习音频的添加与编辑操作。

　　01 新建一个项目与一个合成，然后导入【倒计时.mp4】视频素材和【音效.mp3】音频素材，如图14-12所示。

　　02 将【倒计时.mp4】视频素材和【音效.mp3】音频素材添加到【时间轴】面板中，如图14-13所示。

图14-12　导入视频和音频素材　　　　　图14-13　将素材添加到【时间轴】面板中

03 展开【音效.mp3】素材的【音频】选项，可以查看音频的波形图，然后将时间指示器移到波形图的起始位置，再拖动调整音频素材的入点，如图14-14所示。

图14-14　调整音频素材的入点

04 将时间指示器移到波形图第一段减弱的位置，然后拖动调整音频素材的出点，如图14-15所示。

图14-15　调整音频素材的出点

05 选中修剪后的音频素材，然后选择【图层】|【时间】|【时间伸缩】菜单命令，打开【时间延长】对话框，对音频素材的持续时间进行调整，如图14-16所示，调整音频素材的持续时间后，在【时间轴】面板的素材将发生相应的变化，如图14-17所示。

图14-16　调整音频素材的持续时间

图14-17　音频素材发生相应的变化

06 在【时间轴】面板中调整音频素材的位置，使其入点在第0秒处，然后对音频素材进行多次复制，将复制的音频入点设置在每个倒计时的起始处，完成倒计时的配音制作，如图14-18所示。

07 按空格键对影片进行播放，可以聆听制作的倒计时配音效果。

图14-18 复制并调整音频素材

14.5.2 制作淡入淡出声音效果

案例名称：	淡入淡出声音效果
文件路径：	第14章\淡入淡出声音效果
技术掌握：	音频音量的控制和关键帧的设置

本案例将通过制作淡入淡出声音效果，练习音频素材音量的控制和关键帧的设置。

01 新建一个项目，将所需视频和音频素材导入【项目】面板中，如图14-19所示。

02 新建一个合成，在【合成设置】对话框中设置合成预设，如图14-20所示。

图14-19 导入素材

图14-20 设置合成参数

03 将导入的视频和音频素材添加到图层列表中，如图14-21所示。

04 展开音频素材图层的【音频】选项组，在第0秒的位置为【音频电平】选项添加一个关键帧，并设置其值为-20，如图14-22所示。

图14-21 添加素材

图14-22 设置【音频电平】关键帧(一)

05 将时间指示器移到第2秒的位置，为【音频电平】选项添加一个关键帧，并设置其值为0，如图14-23所示。

06 将时间指示器移到第8秒的位置，为【音频电平】选项添加一个关键帧，并保持其值不变，如图14-24所示。

图14-23 设置【音频电平】关键帧(二)　　　　　　　　　图14-24 设置【音频电平】关键帧(三)

07 将时间指示器移到第10秒的位置，为【音频电平】选项添加一个关键帧，并设置其值为-20，如图14-25所示，完成声音淡入淡出的制作。

08 按空格键对影片进行播放，可以聆听制作的声音淡入淡出效果。

图14-25 设置【音频电平】关键帧(四)

14.6 习题

1. 声音的位深与采样率和声音文件有什么关系？

2. 音频采样是指什么？

3. 导入一段音频素材，练习对该音频素材的音量进行编辑。

4. 导入一段音频素材，练习使用【音频】面板对该音频素材的音量进行调节。

5. 导入一段音频素材，练习制作声音的淡入淡出效果。

第15章

渲染与输出

渲染输出是使用After Effects制作影视作品的最后一步。After Effects的工程文件的扩展名为.aep，该文件仅可在After Effects软件中进行观看和编辑，并不适用于其他媒体平台。若要将After Effects中编辑好的作品转换为通用的媒体格式，就需要通过渲染输出操作来完成。本章将学习关于渲染输出的一些基本操作方法，其中包含渲染输出有关面板的介绍、渲染设置和输出设置等。

本章重点

- ○ 作品的输出
- ○ 渲染设置
- ○ 输出格式的设置

15.1   输出作品

After Effects可以将创建好的作品输出为多种形式的文件类型，选择【文件】|【导出】菜单命令，在子菜单中可以选择输出作品的类型，如图15-1所示。

图15-1   导出子菜单

15.1.1   执行渲染操作

在【时间轴】面板中选择要输出的合成对象，然后选择【文件】|【导出】|【添加到渲染队列】菜单命令，或选择【合成】|【添加到渲染队列】菜单命令，可以打开【渲染队列】面板，该面板是对最终视频的渲染输出进行设置的地方，如图15-2所示。

图15-2   【渲染队列】面板

❖ 提示：

在【渲染队列】面板中可以看到整个合成图像的渲染进程，用户可以调整各个合成图像的渲染顺序，并对影片输出的格式、路径进行设置等，后面将介绍如何进行这些设置。

15.1.2   输出其他类型文件

After Effect不仅可以对项目进行渲染操作，还可以将项目转换为其他类型的文件格式，方便软件之间的无缝衔接。例如，选择【导出Adobe Premiere Pro项目】命令，可以将After Effects的工程文件转换为Adobe Premiere Pro所能识别编辑的文件(其扩展名为.prproj)。

15.2   渲染输出

渲染输出是为了将After Effects中编辑好的作品转换为通用的媒体格式。在执行渲染的操作过程中，用户可以根据需要进行设置。

15.2.1   渲染设置

在【渲染队列】面板中单击【渲染设置】选项后面的【最佳设置】选项，如图15-3所示，可以打开【渲染设置】对话框进行渲染设置，如图15-4所示。

图15-3 单击【最佳设置】选项　　　　　图15-4 【渲染设置】对话框

【渲染设置】对话框中主要参数的作用如下。

1. 合成

【合成】选项组中各参数的作用如下。

- 品质：对渲染影片的质量进行设置。
- 分辨率：对渲染影片的分辨率进行设置。
- 大小：对渲染影片的大小进行设置。
- 磁盘缓存：对渲染的磁盘缓存进行设置。
- 代理使用：对渲染时是否使用代理进行选择。
- 效果：对渲染时是否渲染效果进行选择。
- 独奏开关：对是否渲染独奏层进行选择。
- 引导层：对是否渲染引导层进行选择。
- 颜色深度：对渲染时项目中的颜色深度进行设置。

2. 时间采样

【时间采样】选项组中主要参数的作用如下。

- 帧混合：对渲染的项目中所有图层相互间的帧混合进行设置。
- 场渲染：对渲染的场的模式进行设置。
- 运动模糊：对渲染的运动模糊的方式进行设置。
- 时间跨度：对渲染项目的时间范围进行设置。
- 帧速率：对渲染项目的帧速率进行设置。

3. 选项

选中【跳过现有文件(允许多机渲染)】复选框，表示当渲染时，在出现磁盘溢出的情况下继续完成渲染。

15.2.2 输出模块设置

在【渲染队列】面板中单击【输出模块】选项后面的模块链接选项，如图15-5所示，可以打开【输出模块设置】对话框，如图15-6所示。

图15-5　单击【匹配渲染设置】选项　　　　　图15-6　【输出模块设置】对话框

【输出模块设置】对话框中主要参数的作用如下。

○ 格式：主要用来选择渲染输出的文件格式。用户可根据文件设置的需求，选择不同的文件输出格式。

○ 通道：用来对视频渲染输出的通道设置渲染，用户对文件设置和使用的程序不一样，则输出的通道也会不同。

○ 深度：用来对视频渲染输出的颜色深度进行调节。

○ 颜色：根据用户需求，设置Alpha通道的类型。

○ 调整大小：根据需求，用户可以在【调整大小】中对视频文件格式的大小做出选择，也可以在自定义方式中选择文件格式。

○ 裁剪：主要用来裁切视频渲染输出时的边缘像素。

○ 自动音频输出：用来选择音频输出的频率、量化比特率和声道。

❖ 提示：

在【渲染队列】面板中选择要输出的合成，然后执行【合成】|【添加输出模块】菜单命令，或者在【渲染队列】面板中单击【输出模块】选项后面的➕按钮，可以添加一个输出模块，对新的模块重新设置后，便可以一次渲染出多个不同格式的文件，如图15-7所示。

图15-7　添加输出模块

15.2.3　设置输出格式

在After Effects中不仅可以将合成影像渲染输出为视频文件，还可以将其输出为序列图片和纯音频文件。在【输出模块设置】对话框中单击【格式】下拉按钮，在打开的下列列表中用户可以根据需求选择输出的格式，如图15-8所示。

1. 输出视频格式

在【输出模块设置】对话框中单击【格式】下拉按钮，在打开的下列列表中选择AVI、H.264或 QuickTime选项(如图15-9所示)，可以将编辑好的项目导出为AVI、MP4格式或MOV格式的视频文件，用户在计算机中直接双击这些格式的视频文件便可以进行播放。

图15-8　选择输出格式

图15-9　选择视频格式

在输出视频文件时，选定输出格式后还可以选择相应的解码器。例如，在输出MOV格式视频时，输出格式选择【QuickTime】，然后单击【视频输出】选项组中的【格式选项】按钮，如图15-10所示，打开【QuickTime选项】对话框，展开【视频编解码器】下拉列表，可以显示所支持的编码格式，用户可以根据需要进行选择，如图15-11所示。

图15-10　单击【格式选项】按钮

图15-11　选择视频编解码器

在【视频输出】选项组中还可以根据需要进行输出通道的选择，包括RGB(彩色通道)、Alpha(透明通道)或RGB+Alpha(彩色+透明通道)，如图15-12所示。

图15-12　选择输出通道

2. 输出序列格式

在【格式】下拉列表中选择序列文件格式(如图15-13所示)，可以将编辑好的作品输出为序列文件格式。

❖ 提示：

由于输出序列文件时，会生成一帧一帧的图像，而有多少帧图像也就有多少单帧文件，因此在输出序列文件时，存储的序列文件要单独放在一个文件夹中，图15-14所示是输出JPEG序列图片的效果。

图15-13　选择输出格式

图15-14　输出序列文件的效果

在输出序列图片文件时，还可以设置图片的品质。例如，在输出JPEG序列图片时，输出格式选择【"JPEG"序列】，然后单击【视频输出】选项组中的【格式选项】按钮，如图15-15所示，打开【JPEG选项】对话框，用户可以根据需要设置图片不同的品质，如图15-16所示。

图15-15　单击【格式选项】按钮

图15-16　设置图片品质

3. 输出音频格式

在After Effects中，除可以将编辑好的项目输出为视频文件和序列文件外，还可以将项目文件输出为纯音频文件。After Effects可以输出的音频文件格式包括WAV、MP3和AIFF格式，如图15-17所示。

在输出音频文件时，还可以设置音频的品质。例如，在输出MP3格式的音频时，输出格式选择【MP3】，然后单击【打开音频输出】选项组中的【格式选项】按钮，如图15-18所示，打开【MP3选项】对话框，展开【音频比特率】下拉列表，可以显示所支持的音频比特率，用户可以根据需要进行选择，如图15-19所示。

图15-17　选择音频格式

图15-18　单击【格式选项】按钮

图15-19　选择音频比特率

15.2.4　输出路径设置

当完成渲染设置与输出模块设置后，可在【渲染队列】面板中单击【输出到】选项后面的文件名称，如图15-20所示，在打开的【将影片输出到】对话框中可以对输出的存储路径进行设置，如图15-21所示。

图15-20　单击文件名称

图15-21　设置输出路径

15.2.5　渲染合成

在设置好渲染的各个选项后，在【渲染队列】面板中单击【渲染】按钮，如图15-22所示，便可以将项目以指定的格式渲染输出到指定的位置。

在渲染过程中，系统将显示渲染的进程，如果要中断渲染操作，可以单击【停止】按钮，或单击【暂停】按钮暂停渲染，如图15-23所示。

图15-22　单击【渲染】按钮　　　　　　　　　　图15-23　显示渲染进程

15.3　上机练习

通过本章的学习，读者需要掌握作品的渲染输出与设置的方法。下面将通过输出MP4影片和输出序列图像案例，巩固练习本章所学的知识。

15.3.1　输出MP4影片

案例名称：	输出MP4影片
文件路径：	第15章\火焰文字
技术掌握：	渲染输出格式和路径的设置

本案例将通过输出MP4影片，练习影片输出的操作。本例的输出影片效果如图15-24所示。

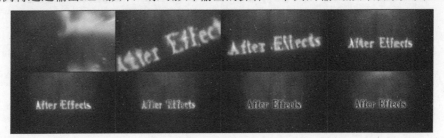

图15-24　影片输出效果

01 打开【火焰文字.aep】项目，在【项目】面板中选中【总合成】对象，如图15-25所示。

02 选择【文件】|【导出】|【添加到渲染队列】菜单命令，如图15-26所示。

图15-25　选中导出对象　　　　　　　　　　图15-26　选择【添加到渲染队列】命令

03 进入【时间轴】面板的【渲染队列】标签面板中，单击【输出模块】选项右侧的设置链接，在弹出的菜单中选择【自定义】命令，如图15-27所示。

04 在打开的【输出模块设置】对话框中设置输出的视频格式和音频格式，如图15-28所示，然后单击【确定】按钮。

图15-27 选择【自定义】命令   图15-28 设置视频和音频格式

05 返回【渲染队列】标签面板，单击【输出到】选项右侧的位置链接，如图15-29所示，在打开的【将影片输出到：】对话框中设置输出影片的路径和名称，如图15-30所示。

图15-29 单击位置链接   图15-30 设置输出路径和名称

06 单击【渲染队列】标签面板中的【渲染】按钮，即可开始渲染指定的项目对象，如图15-31所示。

07 渲染完成后，找到输出的影片，可以播放并预览影片的效果，如图15-32所示。

图15-31 开始渲染作品   图15-32 播放影片

15.3.2 输出序列图像

案例名称:	输出序列图像
文件路径:	第15章\序列图像
技术掌握:	序列图像的输出与设置方法

本案例将通过输出序列图像，练习序列图像的输出与设置方法。本例的最终效果如图15-33所示。

图15-33 输出的序列图像

01 打开【火焰文字.aep】项目，在【项目】面板中选中【总合成】对象，然后执行【文件】|【导出】|【添加到渲染队列】菜单命令。在【渲染队列】标签面板中单击【渲染设置】选项右侧的设置链接，在弹出的菜单中选择【自定义】命令，如图15-34所示。

02 在打开的【渲染设置】对话框中设置【使用此帧速率】的参数值为5，如图15-35所示。

图15-34 选择【自定义】命令

图15-35 设置帧速率

03 在【渲染队列】标签面板中单击【输出模块】选项右侧的设置链接，在弹出的菜单中选择【自定义】命令，如图15-36所示。

04 在打开的【输出模块设置】对话框中设置输出格式为【"JPEG"序列】格式，如图15-37所示。

图15-36　选择【自定义】命令　　　　　　　　图15-37　设置输出格式为序列格式

05 在【输出模块设置】对话框中单击【格式选项】按钮，在打开的【JPEG选项】对话框中适当调整图像的品质，如图15-38所示。

06 在【渲染队列】标签面板中单击【输出到】选项右侧的位置链接，在打开的【将影片输出到：】对话框中设置序列图像的路径和名称，如图15-39所示。

图15-38　调整图像的品质　　　　　　　　　图15-39　设置序列图像的路径和名称

07 单击【渲染队列】标签面板中的【渲染】按钮对作品进行渲染。渲染完成后，在指定的位置可以查看输出的序列图像，如图15-40所示。

图15-40　输出的序列图像

15.4　习题

1. 在After Effect中可以将项目输出为哪些类型的文件？
2. 在渲染输出After Effect项目时，可以进行哪些参数设置？
3. 在After Effect中可以输出哪些视频格式？
4. 在After Effect中可以输出哪些序列格式？
5. 在After Effect中可以输出哪些音频格式？